Brian Tracy • Marc Thurner • Raho Bornhorst

NEUSTART!

Selbst bewusst
beruflich neu anfangen

„Unzufriedenheit im Job, Karrierewechsel und Berufswahl..."

Anleitung, Inspiration und Übungen für den nächsten
LEBENS – ERFOLGS - ABSCHNITT

INHALT

Teil IV

- von Brian Tracy

Teil I

Drei Experten, ein Ziel: Bewusstsein fördern!
von Raho J. Bornhorst

Wer dieses Buch liest, wird von drei Autoren angeleitet, die sich sehr intensiv und seit vielen Jahren zu Experten für beruflichen Erfolg entwickelt haben. Diese drei bauen ihre professionelle Arbeit auf ausgedehnte eigene, praktische Erfahrungen im beruflichen Leben auf. Alle drei konzentrieren sich mit großer Leidenschaft und Freude also hauptberuflich darauf, Menschen zu besseren Ergebnissen im Leben zu führen und sind alle drei sehr erfolgreich und anerkannt auf ihrem Gebiet. Wer einen Neustart will, hat mit diesem Buch sicher einen der besten Impulsgeber weltweit zu diesem Thema in der Hand. Ob man nur darüber nachdenkt und seine Optionen prüft oder direkt mit etwas Neuem starten könnte. Wir drei haben immer das beste verfügbare Know-how dazu gesucht und gesammelt. Wir haben es in Tausenden Gesprächen mit anderen Menschen überprüft! Wir wissen also ziemlich viel darüber und können sehr klar sagen, was man braucht, um einen gelungenen Neustart in die Tat umzusetzen. Wir haben die besten Ideen und Erfahrungen dazu in diesem Buch verpackt, damit man als Leser den besten Weg für seinen Neustart findet, um mit einem ganzheitlichen Bewusstsein die besten Erfolgschancen und dadurch beson-ders positive, nachhaltige Wirkungen zu erhalten.

Brian Tracy[1] ist seit den 80er Jahren zu einem der besten Erfolgstrainer der Welt in über 60 Ländern der Erde geworden – und über alle Maßen erfolgreich. Er ist als Weltbestseller (u.a. „Eat that Frog") und Autor von über 60 Büchern berühmt geworden, die zum Teil in 38 Sprachen übersetzt und veröffentlicht wurden. Er hat als Erfolgslehrer über 5 Millionen Menschen selbst unterrichtet und ist auf allen Kontinenten als Experte für nachvollziehbare Erfolgsregeln bekannt, die jeder sofort nutzen kann. Jeder Erfolgstrainer von Rang hat schon von Brian Tracy gehört oder Erfolgsimpulse von ihm bekommen. Denn er verbreitet die Gesetzmäßigkeiten des Erfolgs im Leben in einer Weise, die man spielend leicht versteht und ganz einfach nachvollziehen kann.

Raho J. Bornhorst[2] hat während seines Wirtschaftsstudiums (Marketing, Personal und Psychologie) 1990 die JFB Bornhorst GmbH gegründet und seitdem durch mentales Training mit Audio-Seminaren und Seminaren für Bewusstseinsentfaltung stets wachsenden persönlichen Erfolg gehabt. Er vermarktet Erfolgs-Seminare von Brian Tracy, ist dessen Verleger sowie sein Co-Autor im Buch „Küss den Frosch". Nach Hunderten Seminaren und Ausbildungen wechselte er ab 2002 vom Verleger zum Profi-Coach und spirituellen Lehrer. Er ist als Ausbilder für Profi-Coaching („Inner Chi Coaching") und Seminarleitung sehr glücklich und erfolgreich. Bewusst zu machen, dass jeder verwirklichen kann, was im Innersten angelegt ist, das ist für ihn die große Lebensaufgabe. Profi-Seminare für Lebenssinn und Geldverdienen, Retreats für Selbstbewusstsein und Erfolg

1) Vgl. www.BrianTracy.com   2) Vgl. www.Bornhorst.de

sowie Ausbildungen für Selbständige und solche, die es werden wollen, sind ein Zeichen für die Leidenschaft, mit der er echtes, ganzheitliches Bewusstsein vermittelt. Von Selbsterkenntnis über souveräne Lebensgestaltung bis zu ergebnisorientierter Gesprächsführung und Coaching ist seine Arbeit von der Idee gekennzeichnet, dass jeder Mensch, wenn die Zeit reif ist, seine innere Freiheit und seinen bestmöglichen Erfolg immer im „Hier und Jetzt" erreichen kann. Sein Spezialgebiet ist, Menschen zu zeigen, wie sie sich auf das eigene Ding konzentrieren und so einen Durchbruch zum Erfolg produzieren.

Marc Thurner[3] hat in 15 Jahren Praxis als Personalberater 50.000 Lebensläufe studiert, tausende Interviews mit Bewerbern und Personalchefs unzähliger Firmen geführt. Sein Spezialgebiet ist das Analysieren und Klären, wie man den zukünftig besten Berufsweg für einen Menschen erkennt, der am besten zu diesem passt. Nach der kaufmännischen Lehre hat er im Marketing, im Einkauf, in der Buchhaltung und schließlich in Personalabteilungen gearbeitet. Nach der Zeit in der Armee lernte er in einer U.S. Großbank die internationale Rekrutierung von Fach- und Führungskräften kennen. Anschließend arbeitete er in einer international tätigen Personalberatungsfirma und studierte Betriebswirtschaft. Mit 29 Jahren gründete er die Almo Personal AG in Zürich, besuchte unzählige Fortbildungen in den Bereichen NLP, Verkaufskybernetik, Rhetorik, Gesichter und Unterschriften lesen, Körpersprache, Persönlichkeitsanalyse und Unternehmensführung. Da die meisten Menschen einfach zu oft im falschen Job oder auf der Suche sind, veröf-

---

3) Vgl. www.almopersonal.ch

fentlichte er 2010 sein erstes Hörbuch „Mit Mut zum Traumjob". Sein Motto: Jeder ist ein Unternehmer – im eigenen Leben. Er hilft Menschen, die eigenen Flügel zu erkennen, sie auszubreiten, abzuheben und die schönsten Ziele zu erreichen.

Alle drei Seminarleiter haben beim Thema „Neustart und Erfolg im Beruf" erkannt, dass es manchmal extrem wichtig ist, sich per Einzelcoaching oder Workshops frei zu machen und neu zu orientieren. Manchmal inspiriert ein gutes Buch, aber es reicht nicht immer, um sich sofort und wirksam zu ändern.
Deshalb haben wir dazu Hinweise und Webseiten mit extra Werkzeugen und Videos zusammengestellt. Und wenn du möchtest, kannst du in einem der Seminare von uns drei Autoren für dich selbst klären, was dich von ganz tief innen antreibt, also wofür du „brennst"! Auf dem Weg machst du dann deine eigenen fundamentalen Erfahrungen, die dich durch Erlebnis zum Ergebnis führen.

Besuche jetzt unsere Webseite zu diesem Buch, und hole dir die verfügbaren Downloads:

www.RahoBornhorst.com/Neustart-Buch

Die ersten Grundgedanken – das eigene Fundament

Um den besten Weg zum idealen Neustart zu finden, sind natürlich oft auch die privaten Umstände zu berücksichtigen. Viele Faktoren für einen erfolgreichen Neustart, sei er beruflich oder privat motiviert, werden durch eigene, subjektive Gedanken und Gefühle beeinflusst - ganz massiv sogar!

Ängste, Sorgen, negative Erfahrungen oder feste Verbindlichkeiten begrenzen die eigene Vorstellung von den Möglichkeiten, die man umsetzen könnte. Auch können überzogene Erwartungen und illusionäre Hoffnungen im Weg stehen, was zu vorprogrammierten Enttäuschungen und Frust führen kann. Wir wollen inspirieren und bewusst machen, wie man sich selbst und die eigenen Stärken und Talente erkennt. Wir wollen durch Übungen zeigen, wie man sich eine neue Grundlage im Denken erschaffen, neu schauen und besser erkennen kann, was möglich ist.

Denn wer sich ohne Vorbehalte ins Bewusstsein ruft, was für eine rundum stimmige Zukunftsplanung alles denkbar wäre, kommt auch auf neue Gedanken, auf neue Fundamente, die ermöglichen, dass man innerlich wie auch äußerlich so richtig glücklich und zufrieden wird - und zwar dauerhaft. Die kleine Mühe, dieses Buch zu lesen und alle Übungen darin mitzumachen, wird sich also definitiv lohnen.

„Do What Though Wilth" – Shakespeare

Das ist Altenglish und bedeutet: „Tu das, was Du willst". Der berühmte englische Philosoph und Dichter William Shakespeare meinte: Tu, was Du wirklich willst, was du also am meisten liebst! Und nicht etwa nur das, was Dir andere Menschen – natürlich wohlmeinend – eingeredet haben. So solltest du das sehen – und tun.

Finde heraus und formuliere, was Du besonders liebst, was Dir am meisten liegt und was Du am allermeisten tun willst. Tu, was Du jeden Tag tun willst. Tu, was Du sogar tun würdest, wenn Du kein Geld, kein Lob und keine Anerkennung dafür bekommen würdest, einfach weil Du es toll findest. Und dann finde heraus, wo und wie und in welchen Formen Du damit Deinen Lebensunterhalt verdienen kannst.

Also: Tue immer, was Du wirklich zu tun liebst!

Der ideale Neustart beginnt also damit, herauszufinden und genau zu erkennen, was Du liebst. Das kann und darf ein lebenslanger Suchprozess sein, wenn man sich mit dieser Frage beschäftigt, damit man immer mehr davon tut, was man liebt.

Dieser Weg führt immer wieder und immer näher an das größtmögliche Glück heran: Immer mehr genau das zu tun, was Du wirklich liebst, und damit Dein Einkommen zu verdienen.

Es mag sein, dass Du dafür Neues lernen und Altes entlernen müsstest. Es mag sein, dass es für Dich ein paar Zwischenstufen zu meistern gilt. Aber es fängt an, sich zu verwirklichen, wenn Du anfängst Dich zu fragen:

„Was würde ich am liebsten jeden Tag gerne und immer wieder und oft tun, einfach weil ich selbst es spannend, faszinierend oder sehr wichtig und wertvoll finde?"

Was findest Du so wichtig, gut und wertvoll, so unterhaltsam oder Sinn stiftend, dass Du nichts anderes lieber tun würdest als das? Und wie wäre es, irgendwann damit Dein Geld zu verdienen? Was tust Du wirklich unheimlich gerne? Auch wenn man sich durch Zwischenschritte vielleicht erst langsam und allmählich dahin bewegen und selbst erst noch einiges lernen und in sich entwickeln müsste, bis man damit hauptberuflich sein Geld verdienen kann, so ist es doch enorm wertvoll zu wissen, was man am liebsten ständig tun würde. Denn so kann man für sich eine Strategie entwickeln, mit der dieser Traum realisierbar wird. Und wenn man auf dem Weg dahin einen neuen Job findet, der wesentlich mehr von dem ermöglicht, was man am liebsten tut, dann ist das doch schon ein riesiger Schritt nach vorne. Und ganz genau darum geht es hier. Etwas Neues zu starten, wie es für Dich tatsächlich am meisten Sinn macht.

Denke auf Papier!

„Think on Paper" ist eine der faszinierendsten Erfolgsregeln überhaupt! Sie stammt von Brian Tracy. Ich kenne und nutze sie seit 20 Jahren. Immer wieder stellt man fest, wie massiv es wirkt, wenn man seine Gedanken auf Papier notiert. Wenn Du alles Wichtige mit der eigenen Hand schreibst, wenn Du handschriftlich formulierst, was Du denkst und willst, nutzt Du einen magischen Prozess Deines Bewusstseins. Denn erstens erkennen und merken wir deutlicher, was uns wirklich wichtig ist und zweitens lernen wir währenddessen, entscheidende Feinheiten zu korrigieren!

Wir bemerken nämlich, wenn unsere Gedanken unvollständig sind! Der Geist als Ganzes, unser ganzheitliches Bewusstsein, ist ungleich schneller und besser im Erkennen von Hinweisen und Zeichen, als wir das mit dem Verstand erfassen. Ein ganzheitliches Bewusstsein, das beim Gebrauch aller Sinne beim Schreiben wirkt, macht uns viel besser klar, was für unsere großen Ziele im Leben von besonderer Bedeutung ist. Denn wenn wir „nur" lesen und nachdenken, fließen die Gedanken im Kopf durch vorgeprägte Bewertungsmechanismen. Jeder Mensch hat diese in sich. Und jeder Mensch wird von den eigenen vorgefassten Meinungen begrenzt. Wenn wir aber mit der eigenen Hand aufschreiben, was wir tun wollen, was uns wichtig ist, dann beschäftigen wir uns mit Dingen außerhalb unseres Kopfes.

Um alles vollständiger und besser zu erfassen, als es unser begrenzter Verstand jemals könnte, solltest Du also aufschreiben, was Du willst. Denn der Verstand ist nur eine kleine Luke, wie ein Bullauge an einem großen Schiff, ein kleines Schlüsselloch des Geistes, durch das wir die Welt aufnehmen. Aber wenn wir selbst schreiben, von Hand, aktivieren wir mindestens 5 Stufen des Bewusstwerdens. Wir verstärken und vergrößern das eigene Bewusstsein sofort, und zwar äußerst effektiv.

Handschriftliche Notizen konditionieren das Unterbewusstsein NEU:

1. Beim Schreiben muss man erneut nachdenken, worum es wirklich geht. Man konzentriert also sein Denken auf das, was wirklich essentiell ist. Man denkt nochmals nach, was tatsächlich das Wichtigste ist, das man notieren wird.

2. Beim Aufschreiben erlebt man sich zeitgleich als Beobachter. Man „sieht" sich reflektiert, wird klarer, lächelt über sich, freut sich. Man erkennt aus der Beobachterposition und fühlt, wie man wirklich „drauf" ist und was man will.

3. Durch die Reflektion (Punkt 2.) ergänzt und verändert sich, was man zuerst notieren wollte. Man entwickelt zusätzliche Gedanken, kommt weiter als beim ersten Denken. Es kommen neue und noch bessere Gedanken aufs Papier!

4. Durch das Hinschauen mit den Augen werden die

geschriebenen Gedanken als optische Impulse sofort noch ein weiteres Mal gespeichert, graben sich tiefer ein. Unser Gedächtnis wird doppelt programmiert und speichert besser.

5.   Die körperlichen Bewegungen der Hand, die Geräusche des Stiftes und das Festhalten des Papiers sowie die Mühe der Formulierung auf einem Stück Material starten die Materialisierung. So programmiert das Unterbewusstsein: DAS HIER IST WICHTIGER ALS ALLES ANDERE, was ich sonst denke. So werden neue Ideen und neue Ziele schneller zur Verwirklichung gelenkt.

Es hat mich schon immer sehr inspiriert, wie ich mich selbst und meine innerlichen Reaktionen besser wahrnehmen kann, wenn ich aufschreibe, was ich will. Ich habe durch Kontakte mit anderen Leuten diese und viele andere Gesetzmäßigkeiten des menschlichen Geistes erlebt. Jeder kann das erkennen und benutzen. Ich verstehe dadurch heute viel mehr davon, als ich je aufschreiben kann. Nach vielen Tausenden persönlicher Gespräche mit Menschen, die etwas verändern wollen, weiß ich sicher, dass die Formulierung eigener Einsichten, die zu erreichen einem wirklich wichtig sind, sehr viel wahrscheinlicher in der Realität erfüllt werden, wenn man sie selbst von Hand aufgeschrieben hat. Das gilt sogar, wenn man seine Notizen nie wieder in die Hände nimmt! Es wirkt trotzdem um ein Vielfaches besser und führt schneller zur Verwirklichung. Das spätere Nachlesen zeigt einem nur den Beweis, dass man erreicht hat und heute für normal hält, was man sich einst gewünscht hat.

Deshalb solltest Du Dinge, die Du hier beim Lesen für Dich erkennst, ebenfalls kurz mit eigenen Worten für Dich aufschreiben. Denn dann wirst Du Dir sehr viel klarer darüber, was Du persönlich für einen idealen Neustart wirklich brauchst. Selbst wenn Du die Gedanken nur am Buchrand notierst: DAS fördert Deine Kraft, Deine guten Ideen festzuhalten, und diese sehr viel schneller in die Tat umzusetzen.

Wir sind mächtige, geistige Wesen

Wir sind mehr als nur ein Bioorganismus mit Gehirn und Nervensystem, mehr als nur ein Tier. Wir sind mächtige, selbsterkennende Wesen, die unglaublich schnell lernen! Wir können uns in der eigenen Vorstellungswelt selbst verändern, und wir können radikal ändern, was wir denken und tun.

Was wir uns zu denken erlauben, verändert uns. Was wir auch schriftlich notieren, verändert uns noch viel stärker und tiefgreifender. Denn dabei formen wir innerlich, auf seelischer Ebene, eine Entschlossenheit im Denken, die eine viel stärkere Konsequenz im Handeln verursacht. Außerdem fördern wir eine innere Sicherheit damit, weil wir eine innerlich „überprüfte" neue Einstellung nutzen, die wir dann sehr wahrscheinlich auch sehr bald zur Realisierung führen.

Gebrauche ALLES, was Du bist!
Denke ganzheitlich.

Man könnte durchaus behaupten, Menschen sind wie Tiere mit einem Verstand. Wir sind aber dennoch getrieben von der Suche nach Anerkennung, von Angst oder Sorge um Geld oder auch von dem, was die Hormone von uns verlangen.

Du bist zwar auch ein Tier (lächelnd), das auch von Hormonen gesteuert wird, aber Du hast unendlich viel mehr Chancen und Möglichkeiten als die meisten Menschen jemals denken oder sogar für sich selbst verwirklichen. Du bist als körperlicher Organismus mit der materiellen Natur der Erde untrennbar verbunden. Du brauchst Wasser, Luft und Nahrung, Sport und Bewegung, um gesund zu leben. Aber Du brauchst auch Liebe und Nähe, um gesund zu sein. Du brauchst Ruhe und Muße, innere Ruhe und inneren Frieden, um das stille Glück zu finden.

Wenn wir einen Teil ignorieren, fehlt uns auch ein Teil des Glücks, das wir erleben können. Also gilt es, alle Teile des Geistes wirken zu lassen, auch jene, die mehr als nur rationales Denken verfügbar machen, damit alle Zustände wie Liebe und Glückseligkeit einen ausreichend großen Platz auch in Deinem Leben finden.

Wenn Du alle Teile Deines Seins kennen und lieben lernst, wirst Du auch alle Teile mit Sinn und Freude und Glück erfüllen können. Du kannst vollkommen glücklich sein. Wer Teile seiner

Natur ignoriert, wird wohl kaum dauerhafte Erfüllung finden. Denn der Verstand, der den Alltag steuert, kann niemals alles kontrollieren und wird sehr viele und auch schwere Fehler verursachen, wenn er trotzdem alles steuern würde. Denn sich nur vom Verstand führen zu lassen, nur rational zu sein, das lässt viele soziale Fähigkeiten, Gefühle und geistige Qualitäten ungenutzt, wie etwa das Bauchgefühl und die Intuition. Würde man seine Liebe ignorieren, die nicht rational und nicht steuerbar ist, würde man kaum je ganz erfüllt fühlen können.

Ein guter Neustart sollte aber möglichst alle guten Dinge berücksichtigen und mit sich bringen! Also denke daran, ganzheitliches Bewusstsein zu entwickeln und ganzheitlich zu denken.

Dem entsprechend sollte man neben beruflichen Fragen auch das Privatleben mit in seine Überlegungen einbeziehen. Man sollte sich zum Beispiel immer auch mal Zeit nehmen, hin und wieder nichts zu tun. Nur verweilen, seine Seele baumeln zu lassen, sich selbst zu lieben und sich treiben zu lassen, das gehört für die meisten Leute zwar nur in den Urlaub. Aber wenn Du tun willst, was Du liebst und damit Dein Geld verdienen willst, dann solltest Du Dein Bewusstsein in den kommenden Tagen, Monaten und Jahren neu programmieren! Mache Dich von Vorstellungen frei, dass etwas nicht geht. Erkenne, dass auch Ruhe zum Leben dazu gehört, so wie Essen und Trinken. So wie jeder Adler und jeder Löwe von Natur aus Ruhe braucht – und genießt - so brauchen wir das auch. Wir sollten genießen! Täglich!

Ich nutze die Einsicht von Albert Einstein, die auch Brian gern und oft erwähnt: Im Job sollte man mit 100% Einsatzbereitschaft arbeiten, solange man arbeitet. Dann sollte man aber auch Ruhe genießen und Pause machen, sobald es angemessen ist und dabei 100% abschalten, wenn man nicht mehr arbeitet. Lass Gedanken und Gefühlen freien Lauf, und tue auch manchmal „nichts" ;-)

So wie es intensive Phasen des Lernens, des Arbeitens und Konzentrierens geben sollte, so sollte es ausgleichend immer auch Phasen von Ruhe und Stille geben.

Harmonie und Einklang - mit Allem

Wenn Du im Einklang mit dem Leben bist, im Einklang mit Mutter Natur, wirst Du auf Dauer nicht „immer zu viel" tun. Falls Du „zu viel" machen und tun würdest, wird Dein Körper Dich ja irgendwann zwingen, Deiner Seele eine Pause zu gönnen und sich auszuruhen. Notfalls eben, indem er krank wird. Um gesund und glücklich und erfolgreich zu leben, brauchst Du Ruhe, und zwar nicht zu wenig! Sonst bekommt man eben Kopfschmerzen oder Grippe oder etwas, das einem zeigt, dass man ausgeglichener leben muss.

Ein Neustart bietet die besten Voraussetzungen, das ganz neu zu regeln, indem man aufschreibt, was man in Zukunft auf jeden Fall mehr tun und was man eher nicht mehr so viel tun oder ganz weglassen will, damit man mehr Ergebnisse mit weniger

Verlusten erreicht und mehr Lächeln in seinem zukünftigen Alltag erlebt. Schreibe dazu doch einmal kurz auf einem Zettel nieder, was das bei Dir ist.

Tust Du zu wenig von dem, was Du liebst, wirst Du unglücklich und gelangweilt. Bist Du unzufrieden oder gelangweilt, tust Du sehr wahrscheinlich nicht das, wofür Du hier auf der Erde bist, tust also nicht, was Du am meisten liebst.

Wer jeden Tag stundenlang müde im Bett oder auf der Couch liegt, verhält sich anders, als die Natur dies für menschliche Körper vorgesehen hat. Menschen sind nicht wie ein Bär für einen Winterschlaf in einer Höhle gebaut! Es ist gegen unsere Natur, wenn wir immer nur viel schlafen. Denn unser Körper ist Zehntausende von Jahren geprägt, als Jäger, Sammler, Bauer und Krieger aktiv zu sein, Handwerker oder Händler, Lehrer oder Anführer zu sein, etwas zu denken oder zu erschaffen, was unsere Seele uns ans Herz gelegt hat. Also schau hin! Erhebe Dich innerlich und tue etwas, was Dich auf Dauer glücklich macht, was Dich wirklich viel mehr lächeln lässt als dies vielleicht bisher der Fall war. Löse Dich wirklich von allen Vorstellungen, die Dich davon abhalten könnten. Du solltest das ansteuern, was Dich am meisten reizen würde, was Dich am besten fordern und fördern würde, wenn Du es tust und worauf Du Dich voll einlassen würdest! Tue genau das! Tue es ab sofort, zumindest ein wenig mehr als bisher. Fange an, es zu tun, und wenn es nur winzige erste kleine Schritte in diese Richtung sind. Denn DAS lohnt sich!

Bist Du heute NICHT glücklich, gesund und erfolgreich, kannst Du Dir ja sagen, dass dies nur ein Zwischenzustand ist. Falls Du etwas daran änderst, wenn Du neu startest, kannst Du näher und schneller dahin kommen, dass Du glücklich, gesund und erfolgreich bist.

Du kannst Dir klar machen, dass Du ab jetzt lernen kannst, wie Du glücklich wirst. Das kann sehr wohl gelingen, wenn Du es willst. Es lässt sich reproduzieren. Alle drei Autoren haben das für sich überprüft, es selbst erreicht und geben es an sehr viele Menschen weiter. Weil wir wissen, wie das geht. Du lernst es auch, wenn Du die Ideen in diesem Buch ernst nimmst und für Dich prüfst, was Du davon nutzen und gebrauchen und umsetzen willst.

Du bist prinzipiell wie jeder Mensch in der Lage, etwas ganz Wunderbares aus Dir und Deinem Leben zu machen. Du allein entscheidest, WAS das sein könnte. Das WIE und WANN aber findet sich oft erst dann, wenn die neuen Ziele formuliert und schriftlich notiert sind. Sobald Du beschlossen hast, DASS Du es tust, kommt in Dir und Deinem Geist etwas in Bewegung, was die Verwirklichung in Gang setzt. Das ist sogar so, selbst wenn Du noch keine Ahnung hast, wie das funktionieren kann. Du musst es nur definitiv beschließen und jeden Tag etwas in dieser Richtung selbst unternehmen. Du musst anfangs vielleicht nur sehr wenig tun, aber Du musst etwas beschließen und dann etwas TUN! Wenn Du beides machst, dann wird daraus sehr wahrscheinlich auch sehr bald etwas Positives in dieser

Richtung bei Dir passieren.

Tust Du nichts Neues, dann passiert wahrscheinlich auch nichts Neues. Das klingt hart? So ist die Realität auf diesem Planeten. Ein Neustart in ein neues Leben mag Dich anfangs herausfordern. Aber der Lohn ist, sein eigenes Ding zu machen, sein eigenes Glück zu finden, souverän und entspannt zugleich zum Erfolg zu kommen. Dieses Buch hier ist kein Ratgeber für Leute, die sich nur gedanklich mit Änderung befassen, sondern für Menschen, die sich klar machen, wie man selbst und ständig da ankommt, wo jeder Tag eine Freude und jede Minute ein Erfolg ist.

Wir gehen davon aus, dass Du wie jeder andere Mensch im Prinzip alles hast, was Du brauchst, um vollkommen glücklich zu sein. Das ist so seit Du geboren wurdest. Was nach der Geburt kommt, ist zu lernen und zu wachsen, bis Du selbst steuerst und dahin gehst, wo Du hinkommen willst – was auch immer das bei Dir sein mag.

Deine Selbstverwirklichung

Indem Du Deine eigene Natur, Dein eigenes Wesen selbst erkennst und würdigst, wie Du nun einmal bist, mit all diesen unglaublich vielen, mächtigen Möglichkeiten und Chancen, wie man sie heute mehr als jemals zuvor auf dieser Erde hat, wirst Du Dir selbst bewusst machen, wie weit Du wachsen, wie weise und liebevoll und ruhig und gelassen und erfolgreich Du sein kannst. Indem Du davon ausgehst, dass Du viel mehr kannst als das, was Du bisher getan hast, wirst Du anfangen, Dich auf die neuen Möglichkeiten und Chancen viel effektiver und produktiver einzulassen. Die Natur hat Dich als Seele mit Körper und Geist erschaffen. Wenn Du alle Teile nutzt, wirst Du viel mehr erleben und erreichen als bisher. Also lese weiter und sei offen für die Einsichten und Ideen, die wir vermitteln. Notiere Dir, was Du in den Übungen für Dich entdeckst und erlaube Dir, es auch ganz schnell in die Tat umzusetzen, was Dir dabei klar wird.

Raho J. Bornhorst

Freiburg, im Mai 2015

Teil II

Entdecke Deine wichtigsten Talente und Stärken
– von Brian Tracy, mit Kommentaren von Raho Bornhorst

„Weißt Du das Leben wertzuschätzen? Dann verschwende keine Zeit, denn Zeit ist der Stoff, aus dem das Leben gemacht ist." – Benjamin Franklin

Der Wert von allem, was man bekommt oder erreicht, lässt sich daran messen, wie viel von seiner Zeit im Leben man dafür einsetzen muss, um es zu bekommen. Der Einsatz, den man zum Erreichen seiner besonders wichtigen Ziele bringen muss, ist schon als kritischer Faktor zu berücksichtigen, bevor man überhaupt startet. Nur indem man seine angeborenen Stärken sucht und entdeckt, und diese dann auch bis zum höchsten Grad weiter entfalten und gebrauchen lernt, kann man diese auch nutzen, um das größte Maß an Zufriedenheit und Freude zu gewinnen, und zwar in allem, was man im Leben anstellt.

Die Entscheidung, genau das zu tun, was man am liebsten tun möchte, was man gut kann, was einem die größte Freude und Belohnungen für seine Bemühungen bringt, sollte man als den Startpunkt für seinen Neustart betrachten. Denn es geht darum, das Beste aus sich heraus zu holen: Echte Freude, tiefe Zufriedenheit, Erfolg und auch Erfüllung.

Tipp von Raho: Vor dem Neustart solltest Du Dir klar machen, dass Du Dich in allen Bereichen des Lebens verbessern könntest. Also ist es gut, sich für alles zu öffnen, was ein gutes Gefühl macht. Die neuen Gedanken, die mit der Inspiration beim Lesen kommen, lassen sich erfahrungsgemäß relativ leicht zu schriftlichen Notizen formen, aus denen später Pläne und Taten werden können. Je offener Du bist, umso leichter erkennst Du neue Wege zu den Ergebnissen, die Du Dir am meisten wünschst. Also nimm Dich wichtig genug und würdige alles, was Dir beim Lesen in den Sinn kommt - und notiere es schriftlich.

Wenn man für Unternehmen strategische Pläne macht, fängt man mit der Prämisse an, dass der Sinn und Zweck der ganzen Übung der ist, dass man die Menschen und Ressourcen neu organisiert und verteilt, um die Rendite auf das Eigenkapital oder das investierte Kapital des Unternehmens zu erhöhen. Dabei werden natürlich unweigerlich einige Bereiche aufgewertet und zukünftig als wichtiger befunden, und andere Dinge in der Firma werden künftig weggelassen. Es geht dabei um die neue Verteilung von mehr Mitteln in Bereichen mit höherem Renditepotenzial und das Wegnehmen und Streichen von Ressourcen aus Bereichen mit niedrigerer Rendite.

Es geht darum, dass das Unternehmen und die Menschen im Unternehmen all ihre Mittel zur Maximierung der Rendite einsetzen. Man will das Ideal kanalisieren, um die Entwicklung und Förderung von neueren und besseren Produkten oder auch Dienstleistungen zu erreichen und auf solche Produkte und

Dienstleistungen ganz verzichten, die nicht mehr so profitabel sind. Und genau das sollte man auch bei sich selbst einmal machen: Überprüfen und neu bewerten, was vorhanden ist und was man damit machen könnte. Etwas Neues starten. Etwas Bekanntes beenden.

Rückfluss aus der eigenen Lebenskraft – Return on Energy

Bei einer persönlichen strategischen Planung für einen Neustart sollte man zuerst einmal an die Erhöhung des persönlichen „Return on Energy" nachdenken, anstatt nur über die mögliche Eigenkapitalrendite. Es geht darum, insgesamt möglichst viel Energie in allen Lebensbereichen zu gewinnen und nicht nur möglichst viel Kapital.

Die wichtigste und wertvollste Fähigkeit, die man im privaten Leben wie auch in der Arbeit einsetzen kann, ist die Fähigkeit, selbst für sich zu denken und zu handeln und damit Ergebnisse zu erreichen.

Deine Verdienstfähigkeit - eine Funktion von Ausbildung, Kenntnissen, Erfahrungen und Talenten – ist ein Teil Deines Bildungskapitals, des persönlichen Eigenkapitals. Je nachdem, wie man das nutzt, bestimmt es weitgehend die Qualität und Quantität der Chancen im Leben. Das betrifft sowohl faktische wie auch psychologische, sowohl greifbare wie auch unfassbare Aspekte des Lebens.

Eines Tages kam ein junger Mann in einem meiner Seminare auf mich zu und sagte, dass er als Installateur in einer großen Sanitärfirma arbeite. Er hatte zwar ein gutes Einkommen, war aber doch ziemlich neidisch auf die Vertriebsleute in der Firma, die alle mehr Geld verdienten, schönere Autos fuhren, schönere

Kleidung trugen und einen wesentlich besseren Lebensstandard genießen konnten. Seine Ausbildung hatte er komplett abgeschlossen, hatte also seinen „Gesellenbrief" als Installateur, und damit war er schon an der Spitze der Lohnskala in diesem Beruf angekommen. Die einzige Möglichkeit, noch mehr Geld zu verdienen, wären längere Arbeitszeiten gewesen. Aber für ihn war klar, dass DAS keine Lösung für ihn sei. Er wollte lieber im Vertrieb arbeiten, wo sein Einkommen wachsen konnte und wo er nicht mehr an einen Stundenlohn gebunden war.

Ich hatte ihm damals geraten, dass er - wenn er in den Vertrieb wollte - lernen müsse zu verkaufen und dann seine Vorgesetzten überzeugen müsse, ihm auch eine Chance im Verkauf der Sanitär-Dienstleistungen zu geben. Seine Zukunft lag in seinen Händen, aber er musste erst lernen, die neue und besser bezahlte Arbeit auch zu leisten.

Ein Jahr später besuchte er ein weiteres Seminar bei mir in derselben Stadt und dort erzählte er mir seine Geschichte. Er hatte seinem Arbeitgeber gesagt, er wollte in den Vertrieb wechseln. Das Management hatte ihm zunächst abgeraten, weil die Installateure erfahrungsgemäß eher wenig begabt waren für zwischenmenschliches Arbeiten im Verkauf von komplexen Dienstleistungen. Aber er fragte sie, was er tun müsse, um ihnen zu beweisen, dass er gut verkaufen könnte. Sie halfen ihm dabei zu lernen, wie man die Dienstleistungen dieses Unternehmens verkauft, indem sie ihn Handbücher studieren und in seiner Freizeit dann auch an zusätzlichen Kursen teilnehmen ließen. Er kaufte sich Bücher und hörte Audioprogramme zu diesem Thema. Er verbrachte viel Zeit mit Gesprächen mit den Verkäufern in seinem Unternehmen, stellte ihnen Fragen und lernte alles von ihnen, was er wissen musste, um sein Ziel zu erreichen.

Etwa ein Jahr später traf ich ihn wieder. Er war seit fünf Monaten als Verkäufer voll aktiv. Er verdiente schon mehr als doppelt so viel wie er je als Installateur verdient hatte. Aber vor allem: Er war viel glücklicher! Er war sich selbst und seiner Arbeit gegenüber so freudig und positiv eingestellt wie niemals zuvor. Er liebte das Verkaufen und empfand seine berufliche Veränderung als eine der besten Entscheidungen, die er je getroffen hatte.

Dieses Beispiel ist typisch für viele Geschichten, die ich in all den Jahrzehnten gehört habe, seit ich Menschen in Seminaren bewusst mache, wie sie sich wirklich ideal und erfolgreich verändern können. Markant daran ist: In allen Fällen hat der Betroffene immer eine besondere persönliche Stärke und Freude an etwas entdeckt und dann sein Talent darin aktiv entwickelt, um sich anschließend dadurch auch die eigene Lebensqualität zu verbessern. Und das kannst Du natürlich auch! Du kannst das Gleiche tun. Wenn Du es wagst, wirst Du die Erfahrung machen, dass das wohl eines der wichtigsten Dinge ist, die man selbst entscheiden und tun kann: Die eigenen Stärken erkennen, diese entfalten und in einem Neustart nutzen.

Lege Deine Werte fest

Der erste Teil einer persönlichen strategischen Planung wird als „Werte-Klärung" bezeichnet. Dabei fragt man sich: „Welche Werte und Tugenden (an Menschen) bewundere ich am meisten und möchte ich im eigenen Leben (auch) verfolgen?"

Wenn man seine Stärken in der Arbeitswelt entdecken will, muss man als erstes seine Werte festlegen, die man in der Arbeitswelt ausleben möchte. Die Werte, die ein Unternehmen für sich ausgewählt hat, sollten nämlich passend zu den Werten sein, mit denen man sein künftiges Arbeitsleben neu gestalten will. Sowohl Firmen wie auch einzelne Menschen wählen dazu Werte wie Integrität, Qualität, besonders viel Respekt für Menschen, besonders guten Service, Effektivität, wirtschaftliches Wachstum, Innovationen, innovatives Unternehmerbewusstsein, Marktführerschaft und so weiter.

Das amerikanische Unternehmen General Electric zum Beispiel hat als Wert für sich festgelegt, immer Erster oder zumindest Zweiter in bestimmten Marktnischen zu sein, und ist immer absolut entschlossen darin, das umzusetzen: Das gilt bei der Produktqualität wie auch für den Marktanteil ihrer Produkte. Ist man weder Erster noch Zweiter, unternimmt diese Firma für eine bestimmte Zeit alle Anstrengungen, um diese erste oder zweite Position im Markt zu erreichen. Schafft man das nicht, verkauft man diesen Teil des Unternehmens und konzentriert die Ressourcen und Möglichkeiten auf andere Bereiche, in denen man außergewöhnlich gute Produkte und herausragende Leistungen bieten kann.

Im eigenen Leben solltest Du eine ähnliche Entscheidung für die Zukunft treffen. Du könntest Dich entscheiden, Dein Arbeitsleben rund um bestimmte Werte wie Qualität, überragende Funktionen, Service, Wirtschaftlichkeit oder Neuheit zu planen. Welche Werte man wählt und in welcher Reihenfolge man die Prioritäten dafür auswählt, die man selbst für besonders wichtig hält, das bestimmt schließlich, wie man seine Arbeit erledigt. Das wiederum bestimmt, wie gut die Ergebnisse der eigenen Arbeit für die anderen Beteiligten zur Wirkung kommen können.

Dein eigenes, ganz persönliches Leitbild

Der nächste Schritt in der persönlichen strategischen Planung ist, für sich selbst ein persönliches Leitbild zu erstellen. Das bedeutet, sich eine klare, schriftliche Beschreibung der Person zu machen, die man in seinem künftigen Arbeitsleben sein will. Das Gleiche kann man auch für seine private Veränderung machen. Oft ist diese Beschreibung, wer und wie man zukünftig im Arbeitsleben sein will sogar noch wichtiger als die Formulierung klarer Finanz-, Geschäfts- oder auch zukünftiger Umsatzziele!

Sobald man in beruflicher Hinsicht innerlich entschieden hat, wie viel Geld man verdienen möchte, sollte man sich ein Leitbild anfertigen, in dem die Art von Person beschrieben ist, die man selbst sein will und muss, um es tatsächlich zu verdienen.

Zum Beispiel könntest Du sagen: „Ich bin ein wirklich herausragender Verkäufer, extrem gut organisiert, sehr fleißig, gründlich vorbereitet, enthusiastisch bei der Arbeit und absolut positiv eingestellt und immer auch vollkommen darauf konzentriert, meine Kunden besser zu bedienen, als jeder andere es tut."

Mit diesem Leitspruch, dem ganz persönlichen „Mission Statement", mit dem man sich andauernd weiter zu einem großen Ziel voran bewegt, kann man die Prinzipien nutzen, mit denen man sich in der Berufswahl, in der Persönlichkeitsentwicklung und in seinem beruflichen Vorankommen bis hin zum täglichen Arbeitsplan führen lässt. Dieses Leitbild macht einem dann ständig klar, welche Art von Person man in seinen Beziehungen mit den wichtigsten Menschen im Leben sein will und muss. Ein klares Leitbild hilft dabei, die Bereiche zu erkennen, in denen man auf jeden Fall stärker werden muss, um sein Ziel auch wirklich zu erreichen.

Ein Paket voller Ressourcen

Eines der wichtigsten Ziele im Leben ist tatsächlich, seine Stärken zu erkennen, um sich in der Weise zu entfalten, dass der persönliche „Return on Energy" gesteigert und immer weiter verbessert wird. Eine der besten mentalen Techniken, die Du dafür nutzen kannst, ist, Dich selbst als ein „Paket voller Ressourcen" zu sehen, das in einer Vielzahl von verschiedenen

Möglichkeiten eingesetzt werden kann, um eine Vielzahl vielfältiger Ziele zu erreichen.

Aber auch als ein „Paket voller Ressourcen" ist Deine Zeit und Deine Energie begrenzt. Also setze Deine Zeit und Energie möglichst optimal ein.

Tipp von Raho: *Das Ziel ist, aus jedem Quantum Einsatz von Energie, Arbeitskraft und Dienst ein möglichst großes Quantum an Ergebnis für das eigene Engagement wieder herauszubekommen. Wenn Du Deine besten Stärken und Kräfte erkennst, also das, was Du am liebsten ständig tun und immer besser tun möchtest, hast Du auch den Bereich erkannt, wo Du ständig „Gas geben" könntest. Denn wenn Du tust was Du liebst, wirst Du ständig Freude dabei haben. Du wirst also immer mehr Einsatzfreude zeigen als die meisten anderen Menschen bei der gleichen Aufgabe!*

Also finde heraus, bei welchen Tätigkeiten Du immer lächeln könntest, bei denen Du anscheinend immer ganz viel Energie und Einsatzfreude hast. Denn mit dieser Stärke im Gepäck wirst Du Deinen Einsatz mit Freude immer weiter steigern. Du wirst immer mehr Freude beim Arbeiten erleben! Das steigert sehr wahrscheinlich auch die Ergebnisse, die Du dabei produzieren könntest.

Tipp 2 von Raho: *Trete einmal innerlich einen Schritt zurück und stelle Dir vor, Du würdest Dich selbst objektiv beobachten* *wie mit einem Kameraobjektiv, wie durch die Augen einer anderen Person. Denke mit einem großen inneren Abstand über die Möglichkeiten nach. Wie könntest Du die besten Ergebnisse erzielen? Wie und wo solltest Du Dich bewerben? Sieh Dich selbst als den Arbeitgeber oder Chef und beobachte kritisch, was Dir ein idealer, perfekter Bewerber bieten müsste. Frage Dich, was Du alles tun könntest, um Deine Produktivität deutlich zu steigern und wie Du Deine Leistungen und Ergebnisse optimieren und maximieren könntest.*

Analysiere Deine Situation

Sobald Du Deine Werte definiert und in einem persönlichen Leitsatz notiert hast, also als ein „Mission Statement" aufgeschrieben hast, machst Du als nächstes eine „Situationsanalyse". Bei Unternehmen sagt man „Wirtschaftlichkeitsprüfung" oder spricht von einem „Wirtschaftlichkeitstest".

Dies ist ein Prozess, in dem man sich selbst gründlich analysiert bevor man anfängt, konkrete Ziele festzulegen und bestimmte Aktivitäten zu planen.

Man fängt mit dem eigenen Wirtschaftlichkeitstest an, indem man sich selbst ein paar entscheidende Fragen stellt. Eine dieser Fragen sollte sein: „Was sind meine vermarktbaren Fähigkeiten?" Diese Frage sollte man sehr genau untersuchen! Denke darüber nach: Was könntest Du tun, wofür ein anderer Dich (sogar gerne!) bezahlen würde?

Tipp von Raho: *Denke nicht darüber nach, OB und wie viele Leute, die Du kennst, dafür zahlen würden, wenn Du tust was Du liebst, sondern wie viele Menschen oder Firmen zahlen, die das BESTE in diesem Bereich suchen und haben wollen. Diese wollen das Beste und sind bereit dafür zu zahlen! Du musst also nur den Leuten Dein Bestes anbieten und es dort in der Art liefern, dass man Dich gut dafür bezahlt.*

Was kannst Du sehr gut; ganz besonders gut? Was kannst Du vielleicht viel besser als alle anderen in Deinem Fachgebiet, bzw. in dem Bereich, wo Du arbeiten willst?

Was hast Du in der Vergangenheit besonders gut gemacht? Oder auch: Was tust Du mit Abstand am liebsten? Oder: Bei welcher Arbeit und Tätigkeit kannst Du mit großer Freude dabei sein? Was würdest Du entfalten und immer mehr tun, wenn man Dich dafür auch noch bezahlen würde? Und nochmals anders gefragt: WAS willst Du kultivieren, das Deine Freude vermehrt und zugleich Geld bringen kann?

Ein Honorar, ein Lohn oder ein Gehalt ist lediglich ein Geldbetrag, der gezahlt wird, um eine bestimmte Qualität und Quantität einer Arbeit zu kaufen. Somit bestimmen nur die Ergebnisse, die Du durch Einsatz von Energie produzierst, Deine Chancen und Möglichkeiten im Leben. Willst Du die Qualität und Quantität dieser Ergebnisse steigern, um mehr zu produzieren und mehr zu verdienen, musst Du ganz einfach Deine Fähigkeit steigern, immer mehr und noch viel bessere Ergebnisse zu bringen als bisher. Je mehr das in einem Bereich ist, der Dir immer Freude macht, wird das leicht sein, weil Du ja immer mehr Freude dadurch haben wirst. Du musst dann nur noch lernen, Deine Ergebnisproduktivität zu kommunizieren und dort zu zeigen, wo man sie sucht. Dann werden Deine Chancen, damit Geld zu verdienen, vergrößert.

Der berühmte amerikanische Erfolgsautor Earl Nightingale (1921-1989) sagte: „Die Summe des Geldes, die man verdient, wird durch drei Faktoren bestimmt":

1. Die Arbeit, die man tut.
2. Wie gut man diese Arbeit erledigt.
3. Die Schwierigkeit, Dich als Arbeitslieferant zu ersetzen.

Angebot und Nachfrage

Die Gesetze von Angebot und Nachfrage, die auf dem Markt für Produkte deren Preis bestimmen, wirken sich auch auf den Arbeitsmarkt aus. Ob als Unternehmer oder als Angestellter: Du bist ein Teil davon. Arbeitgeber wie auch Kunden werden immer nach dem Allerbesten im Austausch für das Allerwenigste suchen. Das bedeutet, dass Du als Arbeitnehmer immer das Mindeste bezahlt bekommen wirst, das notwendig ist, um Dich vom Wechsel zu einem anderen Unternehmen oder Institution abzuhalten.

Tipp von Raho: *Das Gleiche gilt für Kunden, die Du als Verkäufer, Vermittler oder auch als Selbständiger belieferst. Die wollen meistens möglichst wenig zahlen, wenn sie die gleiche Leistung für weniger Geld bekommen könnten. Aber, und das musst Du dabei berücksichtigen: Für viele Menschen ist das „angenehme Miteinander" äußerst wertvoll! Es wird also Deinen Wert steigern, wenn Du dafür sorgst, dass andere Menschen möglichst gern mit Dir zusammen sind. Bis zu einem gewissen Maß kann man das selbst sehr stark positiv beeinflussen. Damit kann man seinen Wert, den andere Leute subjektiv durch Dich erleben, ganz erheblich steigern.*

Abraham Lincoln sagte: „Die einzige Sicherheit, die ein Mensch haben kann, ist die Fähigkeit, einen Job ungewöhnlich gut zu machen."

Die Höhe Deines Einkommens wird maßgeblich davon bestimmt, wie gut Du die Arbeit machst und wie schwer es ist, Dich und Deine Arbeit zu ersetzen.

Überall dort, wo Arbeitnehmer leicht ausgewechselt werden können, wird ihnen nur der erforderliche Mindestlohn gezahlt, den man zahlen muss, um sie zu halten. Um Dein Einkommen zu maximieren, solltest Du unbedingt das Ziel verfolgen, Deine Arbeit so besonders gut zu machen, dass der Aufwand, den man betreiben müsste, um eine gleichwertige Ersatzperson zu finden, so hoch ist, dass man lieber Dich an der Stelle behält und mehr bezahlt, als eine weniger produktive Arbeitskraft zu suchen. So besonders gut zu sein ist der einfachste Weg, um sicherzustellen, dass Du immer gut bezahlt wirst.

Also: Nimm Dir vor, so gut in der Arbeit zu sein, die Du künftig tust, dass praktisch niemand sonst für das gleiche Geld die gleichen Ergebnisse erzielt wie Du.

Sei Dein Geschäftsführer

Du bist der Geschäftsführer Deines eigenen Dienstleistungsunternehmens und als solcher ganz allein verantwortlich für alle Aspekte Deines Unternehmens: Du bist für die Produktion, die Qualitätskontrolle, Deine Schulung und Deine Entwicklung verantwortlich, Du bist für Dein Marketing, für Deine Finanzen und auch für Deine Beförderung verantwortlich. Du allein bist zuständig und verantwortlich.

Wenn Du den Fehler machst, Dich selbst als passiven Mitarbeiter zu betrachten und Dich nicht für alle Entscheidungen selbst verantwortlich fühlst, die sich auf Deine eigene Karriere auswirken, kann das harte Auswirkungen auf Deinen langfristigen Erfolg haben. Siehst Du Dich andererseits als Selbstständigen, zwingt es Dich zu der Einsicht, dass Du stets selbstverantwortlich und selbstbestimmt sein solltest und dass alles, was passiert aufgrund Deiner eigenen inneren Einstellung und Deines eigenen Verhaltens geschieht. Denn Du sitzt auf dem Fahrersitz. Du sitzt am Lenkrad Deines eigenen Lebens. Es liegt an Dir, zu entscheiden, wie Du Deine Talente und Fähigkeiten so einsetzt, dass Du den höchsten „Return on Energy" für Deine Zeit und Kraft erreichst. Das wird nämlich niemand sonst für Dich an Deiner Stelle tun.

Du bist der Chef. Andere können Dir helfen, Dich begleiten, anleiten und führen, Dir die richtige Richtung zeigen und Dir Möglichkeiten bieten. Aber letztlich kann keiner an Deiner

Stelle diese wichtigen Entscheidungen stellvertretend für Dich treffen, die über Deine gesamte Zukunft und Dein Vermögen bestimmen.

Vier Fragen für Deine Selbsterkenntnis

Hier sind vier Fragen, die Du Dir immer wieder stellen solltest:

1. „Was macht mir am meisten Freude?"
2. „Wie würde ich meinen Traumjob beschreiben?"
3. „Wenn ich jeden Job auf der Welt haben könnte, an was würde ich arbeiten?"
4. „Würde ich eine Million Euro in der Lotterie gewinnen, müsste mir dafür aber einen Job in der Zukunft wählen: Welche Arbeit würde ich mir aussuchen?"

Um Deine Stärken zu erkennen, frage Dich: „Was sind meine einzigartigen Talente und Fähigkeiten?"

Was hast Du in der Vergangenheit gut gemacht? Was fällt Dir leicht, was anderen Menschen vielleicht eher schwierig erscheint? In welchen Bereichen von Arbeit scheinen sich bei Dir die besten Ergebnisse zu zeigen? Wo hast Du am meisten Freude?

Deine Antworten auf diese Fragen bieten Dir viele Hinweise und Zeichen dafür, wie oder wo Du Dich zukünftig einbringen solltest, um Deinen „Return on Energy" zu steigern. So kannst Du bei gleichem Arbeitsmengeneinsatz erheblich viel mehr positiven Rückfluss bekommen.

Als Folge Deiner genetischen Struktur, Deiner Ausbildung, Deiner Erfahrungen, Deines sozialen Hintergrundes und Deiner Interessen und Neigungen, bist Du eine ganz einzigartige Kombination aus Talenten und Fähigkeiten. Du kannst Dich damit in irgendetwas äußerst produktiv einbringen. Wenn Du die bestmögliche Karriere für Dich definieren willst, dann mache Dir klar: Du allein bist verantwortlich, für Dich selbst zu bestimmen, was das sein sollte, und Du solltest Dich diesem Bereich so sehr und mit ganzem Herzen widmen, dass Du ausgezeichnete Arbeit und wirklich herausragende Ergebnisse darin erreichst.

Voller Einsatz in deinem Lieblingsarbeitsgebiet

Nur wenn Du entdeckst, was Du ganz besonders gerne und besonders gut machen kannst, und nur wenn Du Dich innerlich dazu bringst und Dich selbst verpflichtest, in Deinem Lieblingsarbeitsgebiet mit vollem Einsatz zu arbeiten, wirst Du Dich in der Zukunft wirklich vor Lebendigkeit strotzend und vollkommen glücklich fühlen.

Schau Dir also jetzt Deine aktuelle Arbeit und Deine Fähigkeiten an und frage Dich: Wo möchte ich in drei bis fünf Jahren sein? Welche Art von Arbeit will ich tun? Mit was für einer Art von Menschen will ich zusammenarbeiten? Welches Maß an Verantwortlichkeiten und Kompetenzen wünsche ich mir zukünftig? Wie viel Geld will ich verdienen? In welchem Teil der Erde, in welcher Region und welcher Stadt möchte ich leben?

Lass Deiner Fantasie doch einmal für eine Weile freien Lauf. Stelle Dir vor, es gäbe keine Beschränkungen und keine Grenzen für das, was Du mit Deinen Talenten und Fähigkeiten alles tatsächlich tun und sein könntest, wenn Du Dir genug Zeit und Raum für Fortbildung nimmst. Stelle Dir vor: Alle Möglichkeiten stünden Dir offen!

Die Menschen, die Du bewunderst

Schau Dich im Leben um und frage Dich: „Welche Art von Mensch bewundere ich, oder finde ich besonders gut? Wie wäre ich am liebsten, wenn es so ähnlich wie bei diesen Menschen sein könnte?"

Wen kennst Du oder von welchem Menschen weißt Du, dass er so eine oder so eine ähnliche Arbeit macht, wie Du sie gerne machen möchtest? Wer lebt vielleicht schon so eine Art von Leben, wie Du es gern leben möchtest? Welche Änderungen müsstest Du in Deinem Leben vornehmen, damit Du ähnlich wie diese Menschen sein oder leben könntest?

Denke immer daran, dass alles, was auch immer schon irgendeine Person vor Dir getan hat, auch ein anderer Mensch ebenfalls tun kann. Du wirst niemals genauso wie eine andere

Person sein, aber das brauchst und sollst Du ja auch nicht. Aber Du kannst die Erfolge und Leistungen anderer Leute als Beispiel, Vorbild und Richtschnur nutzen, um für Dich selbst zu entscheiden, was Du in Deinem eigenen Leben erreichen willst. Denn Du wirst auf Deinem Weg vielleicht etwas anders aber doch möglicherweise genauso gut und erfolgreich sein – oder sogar noch besser.

Harold Geneen, in den Sechziger und Siebziger Jahren des 20. Jahrhunderts einer der berühmtesten und mächtigsten Geschäftsleute der amerikanischen Geschichte, steigerte als Chef der Firma ITT den Umsatz der Firma innerhalb von 9 Jahren um das Zwanzigfache. Er sagte immer: „Stelle Dir das Endziel vor und arbeite dann rückwärts darauf zu." Du kannst Dich nun also für ein langfristiges Ziel entscheiden und dann rückwärts bis in die Gegenwart planen, um für Dich zu klären, was Du tun müsstest, um vom heutigen Tag an dahin zu kommen, wo Du am Ende landen willst.

Wenn Du eine ehrliche Einschätzung Deiner Stärken und Schwächen machst und Dir auch die möglichen Chancen und Hindernisse bewusst machst, die sowohl in Dir selbst wie auch draußen in der Welt bestehen und die Dich aufhalten könnten, dann kannst Du einfach in die Zukunft sehen und damit anfangen zu sagen, wohin Du wirklich willst und was Du wirklich erreichen willst.

Steuere eine Führungsposition an

Letztendlich geht es in der persönlichen strategischen Planung immer auch um das Ziel, die Führung in dem von Dir gewählten Tätigkeitsbereich zu erreichen. Du bist für die Wahl Deiner Arbeit verantwortlich, in der Du ausgezeichnete Leistungen bringen und herausragende Ergebnisse erreichen kannst. Was ist das bei Dir? Was löst die Freude in Dir aus? Was ist Dein Plan, mit dem Du heute startest, um zu einem der besten Leute in diesem Bereich zu werden?

Tipp von Raho: *Lass Dich nicht von der Angst führen, die aufgrund von Gedanken in Dir entstehen könnte, dass Du vielleicht gar nichts besonders gut kannst. Sage Dir selbst, dass es Dir heute nur noch nicht bewusst ist, was Du liebst und wofür Du geboren bist. Sprich: „Das mag heute noch unklar sein, aber ich werde genau hinschauen und das herausfinden. Sage also, dass es nur bisher so war, und dass Du genau wie jeder andere Mensch auf der Erde unvorstellbar große Kräfte in Dir hast, die jahrzehntelang wirken und wachsen können! Sage dir, immer wieder, dass Du Dich von allen alten Gedanken und Vorstellungen frei machen wirst, die Dich stören, und dass Du Dir die Zeit nimmst, Dein Ding zu erkennen und Deinen besten Weg zu finden. Sage Dir immer wieder, dass Du nicht dort der Größte und Beste sein musst, wo andere Leute es für wichtig halten, gut zu sein, sondern nur da, wo Du es für das Beste und Schönste hältst, gut zu sein. Du kannst Deinen Weg und Deine Meisterschaft in dem Bereich entwickeln und genießen, wo es* *für Dich persönlich mit der größten Kraft und Freude im Leben voran geht. Lebe frei!*

Was ist die eine Sache, die nur Du tun kannst, die Deinem Unternehmen oder Dir in Deiner Zukunft die größten positiven Veränderungen bringen wird? Was kannst Du jetzt tun oder was kannst Du lernen, zukünftig zu tun, was Dir den höchsten Rückfluss und die beste Rendite aus Zeit und Energie bringt, die Du investierst?

Du bist mit einer speziellen Kombination aus Talenten und Fähigkeiten hier auf der Welt, die Dich von allen anderen Menschen unterscheidet, die jemals gelebt haben. Was auch immer Du heute tust, ist natürlich nur ein Teil von dem, wozu Du fähig bist. Der wichtigste und entscheidende Schlüssel für ein glücklicheres und auch erfolgreiches Leben nach einem Neustart ist, Dir Deine wesentlichen Stärken und Schwächen immer wieder bewusst zu machen. Analysiere und bewerte das immer wieder neu und beschließe, wirklich außergewöhnlich gut darin zu werden, was Du am meisten genießt.
Und nun: Verspreche Dir selbst, und verpflichte Dich selbst zu 100%, dass Du der oder die Beste darin wirst, und genau das tun wirst, was zu tun Du wirklich liebst.

Teil III

Warum und wie jeder einen Neustart schafft
– von Marc Thurner, mit Kommentaren von Raho Bornhorst

„Man entdeckt keine neuen Kontinente, ohne den Mut zu haben, alte Küsten aus den Augen zu verlieren." – Andre Gide

Hast Du Dich schon jemals gefragt, weshalb Du eigentlich hier auf der Erde bist? Wieso Du das tust, was Du gerade tust? Wieso Du gerade diesen Job machst und keinen anderen? Wieso Du da lebst, wo Du bist und nicht sonst irgendwo?

Die größte Aufgabe, die uns das Leben stellt, ist es, der Mensch zu sein, der wir wirklich sind. Unser Leben ist wie ein Film, in welchem wir Akteur und Regisseur zugleich sind. Es ist ein langer Weg zu uns selbst auf der Suche nach unserer eigenen Bestimmung. Haben wir unsere Bestimmung aber einmal gefunden, wird uns kein Hindernis zu hoch sein, denn wir haben die Gewissheit, auf dem richtigen Weg zu sein. Es ist schon erstaunlich. Wir kommen auf die Welt und alles nimmt seinen Lauf... und wenn wir 30 Jahre oder älter sind, stellen wir fest, dass wir relativ schnell dann auch 40, 50, 60 oder 80 Jahre alt werden.

Tipp von Raho: *In der Schulzeit entdecken Menschen bei der Frage nach dem Sinn des Lebens, dass es keine objektiv richtige Antwort dazu gibt. Aber es gibt subjektiv richtig gute, stimmige*

Antworten darauf, die das Leben entscheidend positiv verändern. Wenn man sich fragt „Warum bin ich hier?" Und: „Wo will ich hin?" lenkt man seinen Geist. Über die Herkunft des Geistes lässt sich gut streiten. Aber die Zukunft kann jeder selbst maßgeblich dadurch mitbestimmen, indem man lernt, diese selbst aktiv zu gestalten und zu steuern! Das geht erfahrungsgemäß am besten durch eine tiefe Einsicht in die Frage, was subjektiv die größte Freude im Leben des Fragenden auslöst. Würde man seine eigene geistige Einstellung durch die Frage steuern, wie man mehr Freude, mehr Selbstliebe und auch Liebe finden würde, dann sucht man von Anfang an immer in der richtigen Richtung.

Wenn ich als 42-jähriger Bilanz ziehe und zurückblicke, kann ich nur sagen: „Wow, das ging schnell." Die Wahrscheinlichkeit ist groß, dass ich nochmals mindestens so lange leben werde, es kann aber genauso gut sein, dass ich meine Lebensmitte schon lange überschritten habe. Wer weiß schon, was das Leben noch alles für einen bereithält. Beängstigend? Ganz und gar nicht. Aber es führt einem wunderbar vor Augen, dass unsere Zeit auf der Erde begrenzt ist. Also ist es doch umso wichtiger, dass wir unsere Zeit effektiv nutzen und die Möglichkeiten und Chancen bewusst packen, um aus unserem Leben ein wahres Meisterwerk zu machen.

Einige Menschen machen das intuitiv richtig und stellen die Weichen von Anfang an auf Erfolg. Andere haben das richtige Umfeld um sich herum und somit die besseren Startchancen.

Eines aber ist sicher: Es ist NIE zu spät, einen Kurswechsel vorzunehmen.

Als Personalberater habe ich seit über 15 Jahren die Möglichkeit, direkt an den Geschichten von unterschiedlichsten Menschen teilzuhaben. In dieser Zeit habe ich etwa 50.000 Bewerbungen studiert, zirka 4.000 Gespräche geführt und mit unzähligen Bewerbenden und Personalchefinnen und -chefs gesprochen. Die Geschichten von Menschen haben mich schon immer interessiert und gleichzeitig fasziniert. Welche Strategien sind erfolgversprechend? Wie soll man die Weichen für die Zukunft stellen? Welchen Beruf soll man erlernen? Soll man seinem Herzen folgen und das machen, was einem wirklich Spaß macht? Oder ist es eher ratsam auf Nummer sicher zu gehen und einen Beruf zu wählen, der mehr oder weniger krisenfest ist? Besser kleine Brötchen backen, als zu große Risiken eingehen? Manch ein Mensch denkt: Man ist ja irgendwann auch pensioniert, dann hat man ja noch alle Zeit, etwas zu machen, was vielleicht viel mehr Spaß macht.

Früher oder später wird sich fast JEDER mit diesen Fragen auseinander setzen. Je früher man sich über solche Fragen klar wird, desto glücklicher und erfolgreicher kann das eigene Leben verlaufen.
Ganz ehrlich: Auch ich wusste mit 14 Jahren noch nicht, welchen Weg ich einschlagen sollte. Ich wusste es auch mit 20 noch nicht so richtig. So machte ich meine ersten Gehversuche zuerst im Verkauf, dann im Marketing, in der Buchhaltung bis

ich schließlich im Human Resources Bereich landete. Ist es schlimm, Umwege zu gehen? Ganz und gar nicht! Denn genau diese Erfahrungen bringen uns weiter und immer einen Schritt näher zu dem, was wir wirklich wollen. Ja, die Umwege gehören zum Leben wie das Salz in die Suppe.

Wir lernen aus Erfahrungen und nach dem Prinzip „Try & Error". Hätte ich mit 14 Jahren schon all das gewusst, was ich heute weiss, hätte ich vielleicht gewisse Dinge anders gemacht. Vielleicht aber hätte ich manche Dinge dann nicht gelernt.

Zu diesem Thema sagte Nelson Mandela:

„Unsere größte Angst ist nicht, unfähig zu sein. Unsere größte Angst ist, über grenzenlose Fähigkeiten zu verfügen. Es ist unser inneres Licht und nicht unsere innere Dunkelheit, was uns am meisten Angst bereitet. Wir fragen uns selber: Wer bin ich schon, dass ich es verdient habe, brillant, schön, talentiert oder einzigartig zu sein? Aber eigentlich müsste es heißen: Wer bist du, dass Du es NICHT verdient hast? Du bist ein Kind Gottes. Die Unterdrückung Deiner Fähigkeiten nützt der Welt nichts. Es gibt nichts Inspirierendes an Dir, wenn Du Dich selbst beschränkst, nur damit sich andere Menschen nicht unsicher in Deiner Umgebung fühlen. Wir alle sind dazu bestimmt, zu leuchten, genauso wie es die Kinder tun. Es steckt nicht nur in einigen von uns, sondern es steckt in jedem von uns! Wenn wir beginnen, unser inneres Licht strahlen zu lassen, geben wir unbewusst anderen Menschen die Erlaubnis, das Gleiche

zu tun. Genauso wie wir uns von unserer Angst befreit haben, befreit unsere bloße Anwesenheit unsere Mitmenschen."
– Nelson Mandela (1918-2013)

Du bist nicht perfekt. Derjenige, der Dir etwas beibringen möchte, ist es auch nicht. Was aber außer Frage steht ist, dass das Leben, Gott, das Universum – oder wie auch immer wir das nennen möchten – will, dass wir hier auf der Erde unsere Talente entfalten und das tun, was in uns brennt. Es ist nie zu spät, sich auf die Suche zu machen. Es ist nie zu spät, neu anzufangen. Es ist nie zu spät, die Weichen neu zu stellen. Egal, wie sich die Umstände präsentieren; egal, wie hoch die Hürden sind. Es gibt immer Wege und Möglichkeiten. Das herauszufinden verlangt, dass wir ganz ehrlich mit uns sind und uns immer wieder fragen: Was möchte ich aus tiefstem Herzen am liebsten tun? Ist das, was ich mache stimmig? Möchte ich das wirklich? Folge ich meinem Herzen?

Zu diesem Thema möchte ich Dir eine Geschichte erzählen, die ich vor kurzem erlebte. Ich traf mich mit einem Abteilungsleiter am Züricher Flughafen, um eine offene Stelle zu besprechen. Eigentlich wollten wir uns lediglich eine Viertelstunde zum Kaffee treffen. Das Gespräch ging aber ganz plötzlich in eine komplett andere Richtung.

Es ist morgens kurz vor 8 Uhr und in wenigen Minuten habe ich mein Meeting mit einem Abteilungsleiter von der Flughafen AG. Ich mache mir noch eben einen Kaffee und gehe nochmals die wichtigsten Punkte für das bevorstehende Gespräch durch. Da klingelt auch schon das Telefon und die Rezeptionistin vom Empfang meldet, dass Herr Müller eingetroffen sei und sich auf dem Weg in den 7. Stock befinde. Herrn Müller kenne ich bis dahin noch nicht so gut. Er ist um die 50 Jahre alt und schon länger als Abteilungsleiter am Flughafen in Zürich tätig. Er führt ein Team mit rund 15 Personen. Bei unserem Treffen geht es um die Rekrutierung einer weiteren Person für sein Team. Wir besprechen das Anforderungsprofil und diskutieren, was für eine Person am besten in sein Team passt und welche „Soft Skills" wichtig sind.

Wir sind mitten im Gespräch, als sein Blick plötzlich an einem Buch von Brian Tracy hängen bleibt: „Flight Plan". Er fragt, worum es in diesem Buch geht. „Das ist ein geniales Buch", sage ich ihm. „Es behandelt Erfolgsprinzipien, Definitionen von Zielen und so weiter. Es macht uns bewusst, dass wir unser berufliches Leben so planen und steuern können, wie es ja auch für jede Linienflugmaschine gemacht wird. So stellt man sicher, dass man auch dort ankommt, wo man hin will." „Das ist spannend", erwidert er. „Ja", antworte ich. „Das ist es wirklich." Die Bücher von Brian Tracy lese ich schon seit 20 Jahren, und ich bin heute noch begeistert. Seine Botschaften sind klar und einleuchtend. Seine Bücher und seine Seminare lösen immer sehr viel Bewegung in den Menschen aus und motivieren unweigerlich zum Handeln. Es geht immer darum, das Leben selbst in die Hand zu nehmen und das zu tun, was man wirklich möchte. Durchstarten und sein Ding zu machen. Einen Neustart machen. Und genau das wollen sehr viele Menschen, die ich in meinem Beruf treffe. Viele Bewerbende sind im falschen Job. Sie schätzen zwar den guten Lohn und die Jobsicherheit, die sie bisher vielleicht haben. Aber die meisten sind insgeheim gar nicht zufrieden. Sie funktionieren einfach nur und finden sich mit der Situation ab.

„Eigentlich jammerschade! Das Leben ist einfach zu kurz, um in einem Job zu sein, der einem nicht gefällt, denken Sie nicht auch?", frage ich provokativ. „Ja, definitiv!" erwidert er bestimmt. Er lehnt sich zurück. Sein Blick schweift in die Ferne. Ich merke sofort, dass ihn dieses Thema berührt. Wir sitzen beide einen Augenblick da und schauen aus dem Fenster. Ein Airbus der Swiss Airlines steht in Startposition und wartet auf das definitive „Go" des Towers. Irgendwie, denke ich, ist das wie im Leben: Wir könnten unser Wunschziel anpeilen und fliegen, wohin wir wollen. Aber viele bleiben beruflich ein Leben lang auf dem Boden der bisherigen Tatsachen, ohne je darüber nachzudenken, ob und wie sie richtig abheben könnten. Haben wir Angst, wir könnten abstürzen?

Ich unterbreche das Schweigen, indem ich ihn frage: „Wie ist das bei Ihnen? Was ist Ihr Lieblingsziel?"

Er schmunzelt und meint: „Ja, ich habe schon meine Pläne. Ich weiß genau, was ich machen würde." Er zögert kurz, sagt dann aber weiter: „Wissen Sie, mir gefällt mein Job eigentlich ziem-lich gut. Ich verdiene gut, habe Verantwortung und bin gut integriert. Trotzdem träume ich von einer Aufgabe, die mich mehr erfüllt. Etwas Selbständiges, wo ich mit Menschen zu tun habe und selber mein Ding machen kann. Das Ganze soll mehr Sinn machen. Wissen Sie, wie ich das meine?" „Auf jeden Fall", erwidere ich. „Wissen Sie denn konkret, was Sie machen würden?" Er schmunzelt schon wieder und antwortet dann lächelnd: „Ja, darüber habe ich mir schon viele Gedanken gemacht. Meine Frau und ich lieben das Kochen. Wir würden ein kleines Bio-Restaurant eröffnen. Ganz nach dem Motto: Klein aber fein. Wir würden wenige Menüs anbieten und nur Gerichte kochen, die ausschließlich aus saisonalen Zutaten bestehen. Wir würden über dem offenen Feuer kochen – ganz wie früher. Gesund, einfach und saisonal. Auch das Fleisch und der Fisch würden über dem offenen Feuer gegrillt. Wir wünschen uns ein älteres Bauernhaus mit Charme und viel Holz..."

Die nächsten 10 Minuten erklärt er mir mit funkelnden Augen sämtliche Details seines Traums von A-Z.

Ich schenkte ihm das Buch von Brian Tracy. Eine Woche später ruft er mich an. Das Buch hatte er richtiggehend verschlungen. Er sei sogar schon dabei, es zum zweiten Mal zu lesen. Besonders freut mich das auch, weil er mir sagt, dass er sonst jemand sei, der praktisch gar nichts lese. Aber dieses Buch habe ihn so gepackt, dass er gar nicht mehr damit aufhören konnte. Er habe begonnen, Pläne zu schmieden, Ziele zu definieren und jeden Tag der Verwirklichung seiner Pläne und Träume einen Schritt näher zu kommen.

Ist das nicht genial? Plötzlich ist so viel Leidenschaft da –
Energie, die förmlich nach Verwirklichung schreit. Weshalb
folgen wir nicht ganz einfach diesen Wünschen und Träumen?
Leicht gesagt, schwer getan? Kommt ganz darauf an, wie stark
der Wunsch und das Verlangen in uns sind. Sind die Wünsche
aber erst einmal geweckt, kommt das Rad fast von alleine in
Schwung.

Tipp von Raho: *Kläre doch einmal Deine inneren Wünsche und
Werte. Während Wünsche oftmals nur unspezifisch in unserem
Geist auftauchen, kann man seine Wertvorstellungen mit ein
paar kurzen Fragen recht schnell an konkreten Begrifflichkei-
ten festmachen. Diese zu kennen, hilft einem enorm dabei zu
klären, was einem selbst wirklich wichtig ist im Leben. Wenn Du
Dich mit Deinen eigenen Werten beschäftigst und Dich weiter
fragst, warum Du das machst, kommst Du ein paar Gedanken
weiter schon fast von allein auf die grundsätzlichen Fragen
des Lebens, die wir am Anfang formuliert haben: Warum bin
ich hier? Was (wohin) will ich wirklich? Frage Dich also weiter:
Was ist mein größter Wunsch, wenn ich frei wie der Geist eines
jungen Kindes, mit unbeeindruckter Neugierde, etwas in dieser
Welt anders machen könnte als bisher: Was wäre das? Was
fändest Du spannend, vielleicht sehr viel besser als es bisher
ist? Frage Dich: Was für ein Wunsch steckt hinter meinem Interesse, etwas ändern zu wollen? Was würde ich wünschen, wenn
ich keine Grenzen bei der Umsetzung hätte? Wenn Du Dich
weiter fragst, was für Dich die ganz große Wunscherfüllung
wäre, kommst Du auch irgendwann darauf, was Deine eigene*

Bestimmung ist. Du musst kein Eroberer oder Wirtschaftskapi-
tän sein! Vielleicht aber musst Du Dich aus Deinen bisherigen
Vorstellungen lösen, damit Du erkennst, was Dich immer von
innen heraus antreiben würde, wenn Du Deinen Traum verwirk-
lichen würdest. Verschaffe Dir durch weitere Selbstfragen und
Gespräche mit Menschen, die Dich sehr mögen oder lieben und
die Du sehr magst oder liebst, Klarheit darüber: Was könnte die
hinter meinen Sehnsüchten steckende Lebensaufgabe sein?
Was würde ich vom Grunde meiner Seele her immer tun, wofür
hätte ich immer Lust und Freude, Kraft und Energie?

Je mehr wir uns mit dieser Fragestellung befassen, um so mehr
Kraft, Freude, Energie und auch Liebe zum Leben werden
frei. Wer wirklich darüber nachdenkt und zu träumen anfängt,
und überlegt, wie man seine Träume umsetzen kann, bei dem
werden sich neue Ideen zeigen und mit jedem Tag kann das
noch mehr werden. Faszinierend, nicht wahr? Die Dinge, mit
denen wir uns aus natürlicher Freude beschäftigen, vermehren
und verstärken sich!

Übung: Persönlichen Werte – Wegweiser zum Glücklich-sein

Es ist wichtig, dass wir unsere Werte genau kennen. Sind wir uns
unserer Werte bewusst, können wir viel leichter entscheiden,
was zu uns passt und was nicht.

Seine Werte zu kennen, ist wie einen Kompass zu besitzen.

Werte können uns bei all unseren Entscheidungen eine wichtige Hilfe sein. Sei es auf der Suche nach dem passenden Job, der passenden Partnerschaft, dem passenden Auto, dem passenden Haus etc. Es ist immer wieder gut, sich seine Werte selbst bewusst zu machen und darauf zu achten, dass man wichtige Entscheidungen im Einklang mit seinen Werten trifft. So steht auch jedes Produkt für ganz klare Werte. Wenn wir beispielsweise die Autoindustrie nehmen, steht BMW für sportliches Fahren; bei Audi stehen die Technik und das Design im Vordergrund; und bei einem Dacia geht es ganz klar um das Preis-Leistungsverhältnis.

Sind wir mit unseren Werten im Einklang und führen unser Leben entsprechend, dann kommt dies klar zum Vorschein und prägt unsere Persönlichkeit, wie auch unsere gesamte berufliche Karriere. Arbeiten und leben wir im Einklang mit unseren innersten Werten, dann haben wir viel mehr Freude, Kraft und Energie. Wir stehen für etwas und daran erkennt man uns und unsere Bereitschaft, etwas Wertvolles und Besonderes zu bieten und zu leisten. Das sollte immer deutlich zum Ausdruck kommen und auch bei wichtigen Entscheidungen immer wieder überprüft werden, indem man sich immer wieder fragt: „Passt das zu meinen Werten?"

Aber nun zur Übung: Welche Werte sind Dir persönlich wichtig?
Bitte gehe alle Werte für Dich durch und entscheide, wie wichtig sie für Dich sind. (1 = kaum wichtig, 5 = sehr wichtig).

Zum Schluss notiere Deine fünf Hauptwerte darunter. Dies sind dann die fünf Werte, die Dir momentan am wichtigsten erscheinen. Diese können sich im Laufe der Zeit wieder ändern. Daher macht es Sinn, diese Übung von Zeit zu Zeit zu wiederholen.

Bewerte die für Dich bedeutsamen Werte

Schreibe hinter alle Worte für die folgenden Tugenden und Werte, wie wichtig sie Dir selbst erscheinen. Diese folgende Liste kannst Du natürlich gerne auch noch um einige weitere wichtige Werte ergänzen.

Bedeutsamkeit 0 = absolut unwichtig.
Bedeutsamkeit 5 = äußerst wichtig

Macht, Einfluss	_____
Qualität	_____
Ruhe	_____
Gutes tun	_____
Liebe, Beziehung	_____
Gesundheit	_____
Humor	_____
Abenteuer	_____
Zugehörigkeit	_____
Geld, Reichtum	_____
Großzügigkeit	_____
Glück	_____
Erfolg	_____

Freundschaft _____

Selbstbestimmung _____

Tradition _____

Sicherheit _____

Frieden _____

Familienglück _____

Lernen und Wachsen _____

Glaube und Spiritualität _____

Naturverbundenheit _____

Gerechtigkeit _____

Anerkennung, Ruhm _____

Harmonie _____

(was noch?) ... _____

....

...

Übung: Meine 5 wichtigsten Werte

Markiere Dir nun alle für Dich persönlich wichtigen Werte hier in dieses Buch - aber später dann nochmals separat auf einen Zettel. Konzentriere dich dabei auf die wichtigsten 5 Werte. Den Zettel mit diesen 5 Werten heftest Du nun an einen Ort, wo Du immer wieder einen Blick drauf werfen kannst. Etwa auf den Bildschirm des Computers daheim, an den Spiegel im Badezimmer, auf den Nachttisch oder an den Kühlschrank. Egal wo, aber auf jeden Fall dort, wo Du ihn immer wieder siehst.

Immer wenn Du von jetzt an ganz wichtige Entscheidungen zu

treffen hast, dann erinnere Dich an Deine wichtigsten Werte und frage Dich: „Passt die Entscheidung zu meinen 5 Werten? Passt das zu mir? Gilt das tatsächlich auch langfristig?"

Übung: Notiere DEINE 5 wichtigsten WERTE

1. _____

2. _____

3. _____

4. _____

5. _____

Trage hier jetzt mit deiner eigenen Handschrift (vgl. Seite 12) ein, was du zum heutigen Zeitpunkt denkst und fühlst, was deine 5 wichtigsten Werte sind, nach denen du dein Leben führen möchtest. Anschließend kannst du das nochmals an eine Stelle in dein Handy tippen, wo du jederzeit darauf zugreifen kannst, um dich zu erinnern. Damit du deine 5 wichtigsten Werte auswendig lernst, und immer (!) daran denkst, kannst du sie auf einem weiteren Blatt Papier notieren, welches du an deinen Kühlschrank klebst. Und du könntest die 5 Werte auf die 5 Finger deiner linken Hand schreiben und sie dir innerlich dort vorstellen und zur Erinnerung abspeichern.

Den eigenen Weg finden

Verstecke Deine Talente nicht. Sie wurden Dir gegeben, damit Du sie benutzt. Was nutzt schon eine Sonnenuhr, die im Schatten steht. – Benjamin Franklin

Wer seine Berufung finden möchte, ganz gleich ob zeitweise als Mitarbeiter einer Firma, als freier Partner eines Teams oder irgendwann auch als Führer eines eigenen Unternehmens, der sollte sich bewusst machen, was sein Herz schon früh hat höher schlagen lassen und wo die eigenen Talente schlummern.

Ziemlich gute Hinweise liefern uns die Antworten auf diese Fragen: Welche Menschen bewunderst Du? Oder: Welche Charakterfigur aus einem Buch oder Film findest Du super? Oder: Wen verehrst Du aus tiefstem Herzen? Das kann und darf auch eine Person sein, die möglicherweise nur eine Legende ist.

Meistens lassen sich unsere eigenen Potentiale und Talente am besten darin erkennen, wofür wir andere Menschen bewundern. Wie beispielsweise Bill Clinton: Der frühere amerikanische Präsident war schon als Teenager ein großer Bewunderer des damals amtierenden Präsidenten John F. Kennedy. Es gibt sogar ein Foto, auf dem der junge Bill als Teenager die Chance hatte, John F. Kennedy bei einem Anlass die Hand zu schütteln. Clinton wollte immer so werden wie JFK. Er war sein größtes Vorbild. Und siehe da, im Jahre 1993 ging sein großer Traum in Erfüllung und der Demokrat aus Arkansas wurde zum 42. Präsidenten der Vereinigten Staaten von Amerika gewählt.

Warst Du eine gute Schülerin? Ein guter Schüler? Ja, wir haben eine ganze Menge gelernt in der Schule. Von Sprachen über Mathematik, Chemie, Physik, Geographie und so weiter. Wir haben Vokabeln gebüffelt, die Hauptstädte von Ländern auswendig gelernt, haben gerechnet und Aufsätze geschrieben. Das ist alles gut und richtig und einiges davon erweist sich für Erwachsene irgendwann auch als sinnvoll und notwendig– wenn auch in ganz anderen Zusammenhängen als ursprünglich gedacht. Wenn wir aber zurückblicken, fehlen uns doch einige sehr wichtige Fächer: Nämlich alle jene, die mich lehren, wie ich mein Leben lebe. All das, was mich erkennen lässt, was ich wirklich will – was mir zeigt, wo meine Talente und Stärken liegen und was mir klar macht, was meine Wünsche, Träume und Visionen sind und wie ich sie in die Tat umsetzen könnte.

Wie soll meine Zukunft aussehen und was kann ich tun, damit das auch passiert? Wie und mit wem möchte ich leben? Was möchte ich alles erreicht haben, wenn ich diese Welt einmal verlasse? Wie definiere ich meine Ziele, wie gehe ich mit Geld um, wie gehe ich mit Gefühlen um, wie entfalte ich meine Persönlichkeit, wie ziehe ich mein Ding durch, wie lebe ich selbstbestimmt und verwirkliche meine Träume?

Howard Gardner, ein amerikanischer Psychologe, hat sich intensiv mit dem Thema Intelligenz beschäftigt. Er hat den üblichen IQ-Test, der schon im 19. Jahrhundert als zu einseitig eingestuft wurde, widerlegt und dann aufgezeigt, dass Intelligenz weiter gefasst zu verstehen ist und mehr Fähigkeiten beinhaltet als bisher erkannt wurden. Gardner entwickelte die Theorie multipler Intelligenzen. Er stellte die Behauptung auf, das System des IQs sei nicht nur wissenschaftlich fragwürdig, sondern führe auch zu sozialen Ungerechtigkeiten. In Schulen und Universitäten werden die Leistungen der Intelligenztests überbewertet, während andere Fähigkeiten unterbewertet oder gar ignoriert würden, sagt Gardner. Was man heute sicher weiß: Intelligenz kann weder nur durch eine IQ-Zahl ausgedrückt, noch bloß anhand von Leistungen erkannt werden. Klar hingegen ist, dass Begabungen durch das Zusammenspiel von erblichen Anlagen und durch die Umwelt beeinflusst werden. Das heißt, Begabungen können verkümmern oder sich entfalten: Deshalb ist es sehr wichtig, diese früh zu erkennen und zu fördern. Intelligenzmodelle können helfen, verschiedene Begabungen zu identifizieren. Eines davon ist das eben erwähnte Modell des Intelligenzforschers Howard Gardner. Er hat neun verschiedene Intelligenzen definiert. Diese möchte ich kurz erläutern:

1. Sprachliche Intelligenz: Die Fähigkeit Sprache, sei es die Mutter- oder eine Fremdsprache, treffsicher einzusetzen, um eigene Gedanken auszudrücken, zu reflektieren oder andere zu verstehen. Dichter, Autorinnen, Redner, Rechtsanwältinnen, Werber und Journalistinnen haben diese Fähigkeit beispielsweise besonders ausgeprägt entwickelt. Berühmte Beispiele: Homer, William Shakespeare, Johann Wolfgang von Goethe.

2. Musikalische Intelligenz: Die Fähigkeit, in Musik zu denken, musikalische Rhythmen und Muster wahrzunehmen, zu erkennen, sich daran zu erinnern, diese umzuwandeln und wiederzugeben. Viele Komponisten, Musikerinnen und Dirigenten sprechen davon, „ständig Töne im Kopf zu haben". Neue Untersuchungen zeigen, dass eine frühe musikalische Förderung viele andere Intelligenzbereiche wesentlich und positiv beeinflusst. Berühmte Beispiele: Johann Sebastian Bach, Wolfgang Amadeus Mozart, Ludwig van Beethoven.

3. Logisch-mathematische Intelligenz: Die Fähigkeit, mit Beweisketten umzugehen und durch Abstraktionen Ähnlichkeiten zwischen Dingen zu erkennen sowie die Fähigkeit, mit Zahlen, Mengen und mentalen Operationen umzugehen. Wissenschaftlerinnen, Computerfachleute und Philosophinnen haben eine stark ausgeprägte logisch-mathematische Intelligenz. Berühmte Beispiele: Der Grieche Aristoteles, Gottfried Wilhelm Leibniz, der Ägypter Euklid oder Marie Curie.

4. Räumliche Intelligenz: Die Fähigkeit, Visuelles richtig wahrzunehmen, im Kopf damit zu experimentieren und sich die Welt räumlich vorzustellen. Der Schachspieler oder die Bildhauerin brauchen diese Eigenschaften ebenso wie die Architektin oder der Kunstmaler. Mit Puzzles, Tangram und Origami kann diese Fähigkeit schon früh spielerisch gefördert werden; ebenso durch Bewegungen. Berühmte Beispiele: Leonardo da Vinci, Michelangelo, Vincent van Gogh, Pablo Picasso.

5. Körperliche Intelligenz: Die Fähigkeit, seinen ganzen Körper oder Teile, wie Hände oder Füße, Arme oder Beine, geschickt einzusetzen, um ein Problem zu lösen oder etwas zu produzieren. Sportler, Schauspielerinnen, Chirurginnen und Tänzer haben diese Fähigkeit in großem Masse entwickelt. Berühmte Beispiele: Charlie Chaplin, Jesse Owens, Michael Jordan, Roger Federer, Julia Steingruber.

6. Intrapersonale Intelligenz: Die Fähigkeit, Impulse zu kontrollieren, eigene Grenzen zu kennen und mit den eigenen Gefühlen klug umzugehen. Personen mit intrapersonaler Kompetenz kennen ihre Möglichkeiten gut und ziehen uns oft an. Schauspieler, Schriftstellerinnen und Künstler machen diese Fähigkeiten zu ihrem Beruf. Kinder, die ihre Befindlichkeit besonders gut wahrnehmen und äußern können sowie ihre Stärken und Grenzen erkennen, haben eine ausgeprägte intrapersonale Intelligenz.

7. Interpersonale Intelligenz: Die Fähigkeit, andere Menschen zu verstehen und einfühlsam mit ihnen zu kommunizieren. Diese Veranlagung ist vor allem bei Lehrerinnen, Verkäufern, Politikerinnen oder Therapeuten stark entwickelt. Intra- und interpersonale Intelligenzen sind eng miteinander verbunden und gehören zur emotionalen Intelligenz. Berühmte Beispiele: Mahatma Gandhi, Mutter Theresa, Nelson Mandela, Kofi Annan.

8. Naturalistische Intelligenz: Die Fähigkeit, zu beobachten, zu unterscheiden, zu erkennen, sowie eine Sensibilität gegenüber der Natur und ihren Phänomenen zu entwickeln. Förster, Botanikerinnen, Biologen, Tierärztinnen, Umweltexperten und Köchinnen zeigen eine ausgeprägte naturalistische Intelligenz. Berühmte Beispiele: Isaac Newton, Charles Darwin, Albert Einstein, Dian Fossey.

9. Existenzielle oder auch spirituelle Intelligenz: Die Fähigkeit, die wesentlichen Fragen unseres Daseins zu erkennen und jene Antworten zu finden, die allen Menschen helfen und dienen. Spirituelle Führer, philosophische Denker und Denkerinnen verkörpern diese Fähigkeit. So ist etwa auch der Dalai Lama ein Repräsentant, der diese Form der Intelligenz in hohem Maße verkörpert. Howard Gardner beschrieb die existenzielle Intelligenz als eine noch nicht als definitiv erklärte Form von Intelligenz.

Jeder Mensch sollte in das Lernen verliebt sein. Wir fangen als Babies damit an, hören aber leider nach der Schule oft damit auf, da man uns nicht zeigt, was uns wirklich interessieren würde. Der Wunsch und das natürliche Streben nach ständiger Weiterentwicklung sollte uns dennoch erhalten bleiben, solange wir leben. Denn heute ändert sich alles und immer mehr Wissen führt zu immer mehr Möglichkeiten. Wer nicht weiter lernt, egal in welchem Bereich des Lebens, bleibt also stehen, und verliert so viele wertvolle Chancen im Leben, Glück, Erfolg und Erfüllung zu finden.

In der Schule lernen wir, uns Fakten einzuprägen und diese

wieder abzurufen. Wie heißt die Hauptstadt von Bolivien, wann brach der 2. Weltkrieg aus, wie hieß der 38. Präsident der USA, wann war die „Tea Party" und was war die Bedeutung und so weiter. So werden wir in der Schule geprägt. Hinzu kommt dann die Fähigkeit, diese Fakten zu kombinieren und Neues zu erdenken. Lernen muss aber früher oder später einen anderen Inhalt haben, damit wir dran bleiben. Es muss unser Leben berühren, das eigene Leben, und zwar alle Jahre, die einem zur Verfügung stehen.

Das beste Lernen ist das selbstmotivierte Lernen. Das passiert, wenn Du persönlich eine wichtige Bedeutung darin erkennst, was es zu lernen gilt. Wenn Du den Wunsch verspürst, etwas zu lernen, wenn Du begeistert bist, etwas zu lernen, dann ist es das Richtige. Dann bist Du auf dem richtigen Weg, der Dich zur Erfüllung Deiner Lebensaufgabe führt.

Etwas ganz anderes ist es, wenn Du Dinge lernst, die Dir eigentlich völlig egal sind, die Dich nicht berühren. Dann arbeitest Du auf dem Niveau einer Datenbank. Du vergeudest Deine Zeit – Deine Lebenszeit.

Ich habe schon unzählige Menschen interviewt, die ein Studium widerwillig durchgezogen haben, nur weil es die Eltern oder das Umfeld so wollten, welche teilweise selber nie studiert hatten. Viel Aufwand und gar Aufopferung, mehrere Jahre des Durchringens, nicht voll auf Touren kommen und immer nur Anstrengung erleben: Das ist nicht der Sinn des Lebens. Dann beenden sie das Studium und plötzlich im Alter von 35 oder 40 Jahren satteln sie komplett um. Wieso dieser große Aufwand? Weshalb wichtige und schöne Jahre vergeuden, wenn man anschließend in eine ganz andere Richtung wechselt? Ich finde es wichtig, dass die Kinder von ihren Eltern bei der Berufswahl unterstützt werden. Dass man genau hinschaut, wo die Talente und Fähigkeiten des Kindes liegen und diese aktiv unterstützt und fördert, die Stärken ausbaut. Ich bin felsenfest davon überzeugt, dass ein Mensch, der leidenschaftlich seinen Weg durchzieht, erstens glücklicher und zufriedener ist und zweitens egal was es ist, viel Geld, ja sogar sehr viel Geld verdienen kann. Sei dies als Sänger, Sportler oder in der Selbständigkeit – in welchem Bereich auch immer. Ja, sogar eine Putzfrau kann Millionärin werden, wenn sie das will. Anfangs ist sie die beste Mitarbeiterin, dann gründet sie ein kleines Putzinstitut und wird jedes Jahr besser und besser bis sie eines Tages zu den besten 10% ihrer Branche gehört. Alles ist möglich, wenn wir es uns vorstellen können und wirklich wollen! Entscheidend dabei ist, sich klar zu machen, dass das nur passiert, wenn wir immer weiter lernen, wenn wir uns immer weiter entwickeln.

Als ich mein Geschäft gründete und mein erstes Büro in Zürich bezog, war auf demselben Stockwerk ein weiteres Kleinunternehmen. Mit dem Inhaber verstand ich mich sehr gut und wir unterhielten uns oft. Er hatte ursprünglich an der Universität in Zürich Betriebswirtschaft studiert und arbeitete mehrere Jahre in einer Bank, bevor er sich selbständig machte. Er erzählte mir: „Wozu habe ich jahrelang studiert, wenn ich anschließend in einem Großbetrieb als einer von unzähligen anderen nur ein kleines Rädchen bin und wenn ich nicht selber über meine Zeit bestimmen kann. Wenn ich im Sommer mit meinen Kindern ins Freibad wollte, musste ich einen Vorgesetzten fragen. Heute gehe ich, wann ich Lust habe und mache das, was mir Freude macht!"

Verstehe mich bitte nicht falsch: Ein Studium ist etwas sehr Wertvolles und ein Türöffner für die berufliche Laufbahn. So hatte beispielsweise ein ehemaliger Nachbar von mir zwei Abschlüsse in der Tasche. Zuerst studierte er Jura und dann hängte er noch ein betriebswirtschaftliches Studium an. Und er hatte immer eine gut bezahlte Arbeit. Aber glücklich wurde er erst, als er sich von der Arbeit löste und das lernte, was ihn zum Selbständigen machte.

Oder ein anderes Beispiel: Ein Kandidat von mir absolvierte zuerst die Ausbildung zum Maschineningenieur, später machte er noch einen BWL-Abschluss. Aber das tat er aus Freude am Lernen und am Wissen und nicht im Glauben, dass er es müsste. Das ist eine komplett andere Ausgangslage und genau darum geht es: Jedermann soll seiner Leidenschaft folgen!

Wer seiner Leidenschaft folgt, der wird auf Dauer bemerken, dass der Erfolg eines Menschen irgendwann kaum noch zu verhindern ist, wenn man seinen Beitrag für andere oder die Gesellschaft als Ganzes ständig mit Leidenschaft verfolgt. Man sollte also nicht auf Biegen und Brechen irgendeine Lehre oder irgendein Studium absolvieren, nur weil die Eltern das so wollen. Vielmehr sollte man immer auch da hinschauen, in welchem Bereich des Lebens man ganz besonders viel Lust und Freude hätte, wo man also aus echtem eigenen Interesse immer wieder gerne etwas Neues dazu lernen möchte.

Wo liegen Deine Talente? Was ist Deine Leidenschaft? Was machst Du fürs Leben gern?

Ich möchte Dir eine weitere Geschichte erzählen. Sie handelt von einer jungen Frau in der Mitte ihrer Zwanziger Jahre, die innerlich eigentlich wusste, was sie wollte, jedoch aus Vernunft den Ratschlägen ihrer Eltern gefolgt ist und über mehrere Jahre in einem Beruf war, der ihr gar nicht gefiel. Es brauchte dann viele Jahre, bis sie endlich erwachte und ihr Leben selbst in die Hand nahm.

Vor gut fünf Jahren interviewte ich diese junge Frau. Eine Bekannte bat mich, ihr bei der Stellensuche zu helfen. Als ich vor dem Gespräch die Unterlagen studierte, merkte ich sehr rasch, dass in der Vergangenheit nicht immer alles optimal lief. Einige Arbeitszeugnisse waren fragwürdig und ließen darauf schließen, dass man mit den Leistungen der jungen Frau nicht wirklich zufrieden war. Auch war sie nun seit über 6 Monaten arbeitslos, was bei der damaligen Konjunkturlage kein gutes Zeichen war. Schwierig, dachte ich mir, warf aber dennoch einen kurzen Blick auf ihre Persönlichkeitsanalyse, welche sie online über unsere Webseite ausgefüllt hatte. Stark ausgeprägt war ihre sehr pflichtbewusste und auch sensible Seite. Ein Mensch der ein harmonisches Umfeld schätzt, sehr sicherheitsbewusst und hilfsbereit ist und es vielfach allen recht machen möchte. Ich war sehr neugierig zu erfahren, was für eine Persönlichkeit mich erwartete. Drei Minuten später saß ich einer hübschen, ernsten und anfangs eher zurückhaltenden Frau gegenüber. „Ich weiß nicht mehr weiter, ich muss jetzt einfach so schnell wie möglich wieder einen Job haben!" schwappte es aus ihr heraus. „Genau deshalb sind sie hier", erwiderte ich mit einem Lächeln. Sie erzählte mir in den darauffolgenden dreißig Minuten ausführlich ihren ganzen Werdegang mit allen Hochs und Tiefs. Von ihrer Magersucht, den Depressionen, aber auch von ihren Wünschen und Zielen. „Ich habe immer die falschen Entscheidungen getroffen!" sagte sie. „Ich habe immer alles falsch gemacht."

Es stellte sich heraus, dass sie sich mit 14 Jahren für eine Banklehre entschieden hatte. Oder besser gesagt, sie ließ sich von ihren Eltern dazu überreden. Die Eltern meinten es natürlich nur gut und wollten das Beste für ihre Tochter. Das sei eine sichere Stelle und eine sehr gute Ausbildung. „Mit einer Banklehre stehen Dir nachher alle Türen offen", war der wohl gemeinte Rat der Eltern. Schon von Anfang an fühlte sie sich nicht wohl in der Bankenwelt und die Lehrzeit war eine Qual für sie. Sie konnte sich für die Materie und die Bankenprodukte nie richtig begeistern. Die Atmosphäre erschien ihr anonym und kalt und sie merkte, dass sie sich in diesem Umfeld nie richtig entfalten konnte. Trotzdem zog sie es durch und schloss die Lehre mit mittelmäßigen Schulnoten ab. Eines wusste sie ganz genau, dass sie nach der Ausbildung keinen Tag länger in der Bank arbeiten würde.

Die Stellensuche für junge Lehrabgänger ist nie so ganz einfach. Hinzu kam bei ihr, dass im Jahre 2009 die Finanzkrise die Wirtschaft lähmte und es noch schwieriger wurde, eine Stelle zu finden. Die Suche erwies sich dann auch als ziemlich zäh. Sie erhielt eine Absage nach der anderen. Auch die Eltern wurden ungeduldig. So kam es, dass der Vater über einen Bekannten erfuhr, dass ein kleines Treuhandbüro in Zürich eine Assistentin mit Zahlenflair suchte. Eigentlich wollte sie gar nicht in den Finanzbereich, ließ sich aber aufgrund ihrer misslichen Lage dazu überreden. Obwohl ihr Bauchgefühl Alarm schlug und NEIN sagte, ließ sie sich ein zweites Mal umstimmen und nahm die Position an. Was jetzt kommt, ist nicht so schön. Die Stelle entpuppte sich als reines Desaster. Der Chef war ein Choleriker und hatte fast täglich Wutausbrüche. Dadurch stand die junge Frau unter stetigem Druck und hatte Mühe, sogar einfachste Arbeiten fehlerfrei zu erledigen. Sie war völlig verunsichert, eingeschüchtert und das Selbstwertgefühl war im Keller. Trotzdem hatte sie immer das Gefühl, sich durchbeißen zu müssen, da immer auch die Angst hinzu kam, den Job zu verlieren und wieder keinen besseren Job zu finden.

Nun wurde sie vermehrt krank: Ein Schnupfen nach dem anderen tauchte auf und schränkte sie ein. Abends konnte sie teilweise nicht mehr einschlafen. Einmal erwischte sie eine

Grippe, dann eine Angina, dann sogar eine Lungenentzündung. Das Leiden wollte einfach kein Ende nehmen. Sie wusste weder ein noch aus und die Situation verschlimmerte sich zusehends. Nach acht Monaten erhielt sie die Kündigung und ein schlechtes Arbeitszeugnis. Das war ein Schock und gleichzeitig eine Erleichterung „Wie eine Art Erlösung", erinnerte sie sich in meinem Büro. Und jetzt? Wieder arbeitslos! Die Stellensuche ging von Neuem los. Eine Bewerbung nach der anderen wurde verschickt. Sie wollte einfach so schnell wie möglich wieder einen geregelten Job. So landete sie in einem Call Center und nahm den ganzen Tag Anrufe von verärgerten Kunden entgegen. Dann arbeitete sie in einem Bekleidungsgeschäft, dann wieder in einem Büro. Dann wieder arbeitslos. Wie blind wechselte sie von einem Job zum nächsten mit dem einzigen Ziel: Einfach nicht arbeitslos sein und so schnell wie möglich wieder arbeiten. Ihre Unterlagen wurden immer fragwürdiger und die Chancen etwas zu finden, wurden immer kleiner. In dieser Hektik, einfach so schnell wie möglich wieder etwas zu finden, nahm sie sich nie die eigentlich dringend nötige Zeit, um sich klar zu werden, was sie wirklich wollte. Das ist in so einer Situation verständlich und insofern auch leichter gesagt als getan. Aber was nützt das? Jetzt saß sie bei mir, beim Personalberater, und wollte einfach so schnell wie möglich wieder arbeiten. Egal was. Einfach arbeiten. „Ich muss", sagte sie.

„Was würden Sie am liebsten tun", fragte ich. „Was wollten Sie als Kind immer werden?" „Arztgehilfin oder Arztsekretärin sein." „Warum Arztsekretärin?" „Weil mich die Materie interessiert und ich sehr gerne helfe. Ich habe sehr gerne Kontakt zu Menschen, kann gut zuhören und bin empathisch. Während sie mir erklärte, weshalb sie Arztsekretärin werden wollte, änderte sich auch auf einmal ihre Körperhaltung, ihre Augen waren nicht mehr so leer. Da war plötzlich Energie und ich hatte das Gefühl, das muss es sein. Dann sagte ich: „Ja, das ist sehr gut. Zu wissen, wohin Sie wollen ist bereits die halbe Miete. Den Rest schaffen wir auch noch!" Dann verfinsterte sich ihr Blick wieder und sie meinte: „Mit meinem Lebenslauf und diesen schlechten Zeugnissen ist es unmöglich, eine gute Stelle zu finden.

„Das ist nicht unmöglich", entgegnete ich, „aber wir haben noch eine Menge Arbeit vor uns."

Ist das Ziel erst einmal bekannt, ist schon ein großer Schritt in die richtige Richtung getan. Kluge Menschen, die einen wirklich idealen Job oder eine wirklich perfekte Arbeit als Freiberufler oder Selbständiger finden wollen, verbringen zuerst einmal viele Tage und auch Wochen damit, herauszufinden, was sie überhaupt möchten.

„Gibt es eine Ausbildung in diesem Bereich?" fragte ich sie. „Ja", entgegnete sie. „Aber die kann ich mir beim besten Willen nicht leisten!" „Wir müssen jetzt Ihren Lebenslauf aufpeppen und umstellen. Da wäre es gut, wenn Sie bereits im Lebenslauf vermerken könnten, dass Sie bald mit der Ausbildung starten. Bis dahin haben Sie noch Zeit, das Geld aufzutreiben. Jetzt müssen wir in Ihrem Lebenslauf ganz klar hervorbringen, dass

Sie den tiefen Wunsch haben, Arztgehilfin zu werden. Dass Sie nun endlich ihren Kindheitstraum verwirklichen und Ihrer Leidenschaft folgen. Das muss auch ganz klar im Motivationsschreiben kurz und knapp ersichtlich sein." Plötzlich sagte sie: „Wissen Sie was, ich glaube ich weiß wo ich mir das Geld für die Ausbildung leihen könnte!" „Wunderbar!" sagte ich. „Was Sie noch brauchen ist ein professionelles Bewerbungsbild: Aktuelle, schöne Fotografien. Das ist wirklich ganz wichtig!" In den nächsten zwei Wochen optimierte sie die Bewerbungsunterlagen. Da sie jetzt genau wusste, in welche Richtung sie wollte, war es plötzlich gar nicht mehr so schwer, die Unterlagen „maßgeschneidert" zusammenzustellen.

Bewerbungsunterlagen müssen individuell, fehlerfrei und überzeugend daherkommen. Die Darstellung, das Foto und das Schreiben müssen perfekt sein. Der Empfänger muss förmlich spüren, dass Du nicht einfach nur mal ein Dossier verschickst, sondern dass Du genau diesen Job und diese Aufgabe willst. Das ist sehr wichtig. Deshalb ist es auch entscheidend, dass wir das machen, was wir wirklich von ganzem Herzen möchten. Dann wird es plötzlich einfach. Dann kommen auf einmal die guten Ideen. Dann kommt plötzlich das Individuelle ins Spiel. Die Leidenschaft und Freude. Und genau das ist die Würze, die da rein muss.

Den Rest kannst Du Dir denken. Sie hat etliche Arztpraxen im Umkreis von zwanzig Kilometern angeschrieben. Am Anfang verliefen die Bewerbungen eher schleppend. Doch auf einmal konnte sie sich bei einem Arzt vorstellen. So stieg auch ihr Selbstvertrauen und am Schluss konnte sie sogar zwischen zwei Ärzten wählen, die ihr beide zusagten. Heute, Jahre später, ist sie immer noch in derselben Praxis und immer noch begeistert von ihrem Beruf. Sie ist selten krank, die Depressionen sind weg und das Selbstvertrauen ist wieder da. Hätte sie schon früher auf ihr Herz gehört und bereits in jungen Jahren diesen Weg eingeschlagen, wäre ihr vieles erspart geblieben. Sie ist ganz bestimmt an dieser wertvollen Erfahrung gewachsen und konnte sich dadurch als Mensch stark weiterentwickeln. Aber wer weiß, dass man von seinen Erfahrungen auf dem Lebensweg profitieren kann, ändert etwas, bevor man ständig leidet und ständig krank wird.

Tipp von Raho: *Jeder Mensch ist lieber gesund als krank. Also sei pro-aktiv! Wir Menschen sind extrem widerstandsfähige, programmierbare „Überlebenstiere". Wir können mit Nikotin und anderen giftigen Substanzen und extremen Umständen wie Dauerstress umgehen, ohne daran zu sterben. Aber machen wir uns nichts vor: Die meisten Krankheiten stehen meistens auch in Zusammenhang damit, dass einem etwas Essentielles fehlt! Sei es seelisch oder körperlich. Ständige Freudlosigkeit, dauernde Müdigkeit oder Frustration und permanenter Stress führen nicht nur zu häufigen Kopfschmerzen oder Erkältungen, sondern sind oft nur die Vorstufe für heftige Reaktionen in Körper, Geist oder Seele, die wir mit unserem Eigenwillen entweder ignorieren oder uns als nicht verantwortlich dafür sehen. Man sollte die eigenen Reaktionen aber als Signal nehmen,* *dass man etwas ändern sollte. Man sollte das von sich aus tun! Sei pro-aktiv statt reaktiv, wenn es zu spät ist. Lenke Dein Geschick also prinzipiell immer mehr in eine Richtung, in der Du Dich wohl und glücklich und gesund fühlen kannst. Lenke Dein Geschick also möglichst bewusst zu einem noch besseren Leben. So können Glück und Erfolg im Leben schneller und umfassender passieren. Lasse Dich positiv überraschen. Denn so können neue und bessere Gelegenheiten auftauchen und sich Dir bewusst zeigen. Warum solltest Du nicht auch mit einer echten, lang anhaltenden Erfüllung im Leben gesegnet sein? Übernimm selbst Verantwortung und handle pro-aktiv, sobald Du erkennst, dass Du nicht wirklich glücklich bist. Gehe los und hole Dir immer wieder neue Impulse, die Dir helfen und zeigen, wie Du Dich neu orientieren kannst.*

Wichtig ist, zu erkennen, dass am Ende nur Du wissen kannst, was für Dich richtig ist. Es ist empfehlenswert, gut gemeinte Ratschläge anzuhören und zu prüfen. Aber am Schluss musst Du für Dich alleine entscheiden und Deinen eigenen, ganz persönlichen Weg gehen. Das ist es und nichts anderes!

Manchmal muss man zwar auch mal einen Schritt wagen und die ersten Gehversuche machen, ohne ganz sicher zu wissen, ob es das Beste ist. Dann kann es natürlich auch sein, dass man auf halbem Weg merkt, dass es nicht die gewünschte Richtung ist und dass man seinen Kurs korrigieren muss. Halb so wild! Das sind immer wertvolle Erfahrungen, die einen weiterbringen. Zu wissen, was man nicht möchte, ist auch schon eine sehr wertvolle Erkenntnis und gehört zum Weg dazu.

Aber aufgepasst: Dies ist nicht zu verwechseln mit Leuten, die einfach alles anfangen, nichts durchziehen und alles immer wieder abbrechen. Das bringt nämlich nichts außer Frust und Enttäuschung oder es verstärkt sogar den Eindruck oder die Überzeugung, dass man nicht gut genug oder nicht geeignet sei für eine bestimmte Aufgabe – obwohl das gar nicht stimmt! Es geht darum, die eigene Leidenschaft zu finden und den inneren Drang, etwas zu machen, mit einer konstruktiven Haltung anzupacken und etwas in die Tat umzusetzen, was einen wirklich motiviert. Es gilt, den Hunger nach Glück und Erfüllung zu stillen und aufzubrechen, den eigenen besten Weg dahin zu erkennen.

Nun möchte ich Dir eine Geschichte erzählen, die ich einfach genial finde und die genau zu diesem Thema passt, dass ich mein Ding durchziehen muss, wenn ich innerlich das Gefühl habe: „Das ist es!"

Drei Freunde, nennen wir sie mal John, Mike und Patrick, hatten ein gemeinsames Hobby: Sie waren alle begeistert von Computern und Technik. John, der Älteste der drei, war zu dieser Zeit im 3. und letzten Lehrjahr seiner kaufmännischen Ausbildung. Mike und Patrick waren beide ein Jahr jünger, damals 17 Jahre und ebenfalls mitten in der Ausbildung. Sie tauschten regelmäßig die aktuellsten IT-Zeitschriften aus und entwickelten in jeder freien Minute eigene Programme. Sie steckten die

Köpfe zusammen und brüteten über neuen Ideen. Anfangs entwickelten sie die Produkte nur für den Eigengebrauch bis sie schließlich merkten, dass die Systeme einwandfrei funktionierten und dass es ein Produkt dieser Art noch gar nicht auf dem Markt gab. So kam es, dass sie die neuste Errungenschaft bei einem großen Telekommunikationsanbieter vorstellten. Zum Erstaunen aller war das Unternehmen am Produkt der drei Freunde interessiert. Der Zeitpunkt war jedoch ungünstig, denn John sollte in wenigen Wochen seine Ausbildung abschließen und musste sich auf die Abschlussprüfungen vorbereiten.

Beflügelt von diesem großartigen Zwischenerfolg arbeiteten die drei Jungs fast Tag und Nacht an ihrem Projekt weiter. John musste sich entscheiden: Die Lehre erfolgreich abschließen und dafür noch die nötige Zeit investieren oder mit voller Kraft das Projekt vorantreiben? Es war eine schwierige Entscheidung. Beim Projekt hatten sie einen fixen Termin, zu welchem sie ihre Software als Prototypen fix und fertig bereitstellen mussten. Er wusste auch, dass er die Prüfungen ohne seriöses Vorbereiten und mit diesen vielen Fehlstunden womöglich nicht bestehen würde. Dazu kam, dass die Eltern von John enormen Druck auf ihn ausübten und ihm mit allem möglichen drohten, würde er die Lehre nun auf der Zielgeraden hinschmeißen. Du kannst Dir sicherlich vorstellen, wie die Geschichte weitergeht. John hat sich für das Projekt und gegen den Lehrabschluss entschieden. Und dafür gab es drei entscheidende Gründe. Erstens hatten die Jungs bereits eine mündliche Zusage des Telekommunikationsanbieters, zweitens tat John in diesem Moment wirklich das, was ihm am Herzen lag, und last but not least, wusste er ganz genau, dass er die Ausbildung jederzeit noch abschließen konnte. Der Auftrag des Telekomriesen hingegen war eine einmalige, nicht wiederkehrende Chance, die man nur ein einziges Mal im Leben bekommt. Kurz gesagt, er konnte mit dem Auftrag mehr gewinnen als er mit dem fehlenden Lehrabschluss verloren hätte.

Heute ist John 33 Jahre alt. Die drei Freunde haben in der Zwischenzeit eine Firma aufgebaut und beschäftigen rund 70 Mitarbeiter! Schon mehrmals wurden Ihnen Angebote für ihr Unternehmen gemacht. Das letzte lag bei rund 25 Millionen Schweizer Franken. Ist das nicht genial?

Für mich ist das ein wirklich wunderbares Beispiel für Menschen, die mutig ihr Ding durchgezogen haben, aus den Normen ausgebrochen und ihren eigenen Weg gegangen sind.

Ich möchte hier keinesfalls dazu ermutigen, seine reguläre Lehre abzubrechen. Keinesfalls! Es geht darum, genau abzuwägen, was ich gewinnen und was ich auch verlieren kann. Rückblickend kann man sagen, dass sich die drei Jungs und insbesondere John richtig entschieden haben.

Es braucht enorm viel Mut und Entschlossenheit, sich in diesem Alter gegen seine Eltern durchzusetzen. Doch die drei hatten einen Trumpf in der Tasche: den Auftrag eines Großkunden.

Tipp von Raho: *Das Wichtigste an dieser Geschichte ist die Tatsache, dass hier eine natürliche Kraft und Freude am Werk war, die sich schon lange vor dem eigentlichen Unternehmen gezeigt hatte. Meine Seminarteilnehmer frage ich immer gern, wenn es darum geht, womit man sein Geld verdienen möchte: „Was hast Du früher als Kind denn gerne getan, wenn Du nichts anderes tun musstest? Wenn Du keine Hausaufgaben und keine Termine hattest? Was liebst du, wenn Du Dich frei treiben lassen kannst – was TUST Du dann?"*

Schritt 2: Wenn Du Dir diese Fragen für die verschiedenen Lebensalterszeiten seit Deiner Geburt immer wieder stellst, und die glücklichen Stunden Deines Lebens mit dieser Frage vor Augen geführt untersuchst, von der Babyzeit über die Kindheit, die Schulzeit, die Teenagerzeit und das Studium oder die erste Ausbildungsstelle bis hin zum Erwachsenensein, dann kommst Du auf viele interessante Teile Deines eigenen Seins, die sich als Puzzlestücke für die Lebensaufgabe erweisen können.

Gewohnheiten ändern

„Die schlimmste Herrschaft ist die der Gewohnheit."
– Publilius Syrus

Was lenkt uns den lieben langen Tag? Genau, unsere Gewohnheiten. Wir essen um 12 Uhr zu Mittag. Wir putzen vor dem zu Bett gehen die Zähne. Viele trinken morgens nach dem Aufstehen einen Kaffee und andere rauchen die erste Zigarette. Die Liste unserer täglichen Rituale ist lang. Und wir verhalten uns jeden Tag ähnlich. Jeder hat seine Gewohnheiten und Rituale, die einem das Leben vereinfachen oder manchmal auch erschweren. Es macht Sinn, auch seine Rituale und Gewohnheiten von Zeit zu Zeit kritisch zu hinterfragen, denn unsere Gewohnheiten haben einen ENORMEN Einfluss auf uns, auf unser Leben, unsere Erfolge und Misserfolge.

Wir neigen in unserer westlichen Kultur dazu, Probleme mit dem Verstand anzugehen. Und das hat bei vielen Alltagsproblemen auch seine Berechtigung, egal ob wir einen Routenvorschlag für eine Reise zusammenstellen oder unsere Büroablage komplett neu strukturieren.

Anders ist es mit den meisten persönlichen Fragen. Wenn es um den idealen Job geht, den idealen Partner, darum den richtigen Sport zu finden und mehr davon zu machen, gesünder zu essen oder Gewicht zu verlieren: Bei vielen Problemen, die uns persönlich betreffen, scheitern wir an der Umsetzung. Wir wissen zwar, was wir zu tun hätten, um zu erreichen, was wir wollen, aber aus irgendwelchen Gründen schaffen wir es oft genug dann doch nicht.

Heute weiß man, dass es genau wegen der eingespielten Routinen so schwierig ist, ein Verhalten zu ändern. Unsere Gewohnheiten lenken uns unbewusst. Heute weiß man auch, dass man zur „Installation" einer neuen Gewohnheit am besten bis zu 30 Tage lang konsequent tun sollte, was zur automatischen Gewohnheit werden soll. Setze ich 30 Tage lang, jeden Tag ohne Unterbrechungen, immer wieder Impulse für eine neue Gewohnheit, dann wird das neue Verhalten nach 30 Tagen ganz tief im Unterbewusstsein verankert und zu einer neuen Routine.

Tipp von Raho: *So manch eine Gewohnheit lässt sich schon innerhalb von 2 oder 3 Wochen als fest installiert feststellen. Probiere es an einem Beispiel aus, an einer kleinen Sache, um diese Erfahrungsregel für Dich zu nutzen. Etwa für einen neuen Sport, z.B. morgens 20 min joggen gehen. Oder statt morgens süße Brote mit viel Zuckergehalt zu essen, nimmst Du ein Müsli mit Joghurt oder Knäckebrot mit Hüttenkäse. Oder statt jeden Tag mit der Zeitung und einem Kaffee zu starten, setzt Du Dich jeden Morgen nach dem Aufwachen für 10-15 Minuten aufrecht hin, noch warm eingekuschelt, um still sitzend zu meditieren oder Dich zu fragen, was heute der beste Gebrauch Deiner Zeit wäre. Meistens genügt es, 21 Tage lang täglich zur gleichen Uhrzeit ein neues Ritual zu befolgen. Dann ist es völlig normal geworden. Es würde uns sogar fehlen, wenn wir es danach* *nicht mehr täten. Um die beste innere Einstellung für einen neuen Beruf, einen neuen Karriereabschnitt oder einen Neustart im Privatleben für sich zu garantieren, ist die Installation solcher neuer Gewohnheiten extrem hilfreich. Denn sie erinnert uns täglich an die Tatsache, dass wir einen ganz neuen und viel besseren Lebensabschnitt aktiv ansteuern. Kleine Rituale machen es leicht. Und aus kleinen Ritualen, die man bewusst und absichtlich „installiert", erwachsen auf Dauer starke Fundamente für neue Verhaltensweisen, die uns dann schon bald gewohnheitsmäßig zu ganz neuen Erfolgen führen. Formuliere also jetzt etwas Neues, was Du ab heute oder morgen 21 Tage lang jeden Tag tun wirst.*

Wenn Du Dein Leben wirklich zum Besseren, Erfolgreicheren ändern willst, dann erfordert das die Änderung einer oder mehrerer Gewohnheiten. Das ist zwar oft leichter gesagt als getan, weil alte Gewohnheiten uns in alten Lebensabschnitten festhalten wollen und das auch können. Sie können unsere Weiterentwicklung massiv behindern. Das geht bei manchen Menschen, je nach Thematik sogar soweit, dass eine Änderung oder nur der Gedanke daran Angst hervorruft.

Die Macht der Gewohnheit ist bei allen Menschen unterschiedlich stark. Denn einerseits wirken dieser Angst unsere starken Wünsche entgegen, die wir immer wieder in uns aufkommen spüren und die uns an das erinnern, was wir eigentlich schon immer wollten. Andererseits gibt es die Möglichkeit, dass man ein anderes Grundsatzprogramm in sich trägt, das stärkere

Wirkung hat, also eine Überlagerung von inneren Kräften. Die Herzenswünsche gilt es unbedingt ernst zu nehmen und ihnen zu folgen. Denn sie erinnern uns immer wieder an das Leben, von dem wir träumen und für das wir von Natur aus auch geschaffen sind.

Tipp von Raho: Um neue Chancen und Möglichkeiten zu erkennen, von denen es in dieser Welt für jeden Menschen (!) unvorstellbar viele (!) gibt, sollten wir diese neuen Chancen verstärkt ins Bewusstsein rufen. Das macht man, indem man sich selbst die Zukunft mit einer positiv konstruierten inneren Vorstellung ausmalt und diese dann mit einem sehr guten Gefühl ausfüllt. Man kann sich z.B. eine Filmfigur oder eine historische Persönlichkeit vorstellen und sich selbst intensiv und lautstark vorsagen: „Genau so bin ich von heute an, genau diese Eigenschaft und Qualität verstärke ich von jetzt an. Ich gehe mit genau dieser Stärke auf mein Ziel zu.“

Wir stehen also zwischen zwei verschiedenen Polen. Auf der einen Seite die Gewohnheit, die uns festhalten will: „Das ist doch zu unsicher.“ „Wer weiß, was nachher kommt.“ „Dafür bin ich zu alt.“ „Sei zufrieden.“ „Schuster bleib bei Deinen Leisten.“ „Anderen geht es noch schlechter, ich sollte zufrieden sein, mit dem was ich derzeit habe.“ Die Liste der Ausreden ist endlos.
Auf der anderen Seite stehen die Wünsche: „Das wäre wirklich unheimlich schön!“ „Ich weiß, ich könnte das, wenn ich es wirklich tun würde.“ „Jetzt ist aber Schluss: So kann das nicht weitergehen, ich kündige!“

Bei den wirklich wichtigen Lebensfragen klingt das aber leider oft so: „Eigentlich würde ich mich gerne selbständig machen, aber ich habe Angst all mein Geld zu verlieren und Pleite zu gehen." „Ich bin in meiner Ehe unzufrieden, aber es haben doch schließlich alle Probleme. Ausharren ist besser, eine Scheidung ist sowieso viel zu teuer und ich kann mir das nicht leisten."

Tipp von Raho: Ersetze in jedem ähnlichen Satz, den Du als Gewohnheit in Dir reden hörst, das Wort „aber" ab sofort durch das Wort „und". Damit veränderst Du die neuronale Schaltung in Dir! Denn das „aber" macht den Sinn des ersten Teils des Gedankens wertlos. Wenn Du es durch ein „und" ersetzt und den gleichen Satz erneut sprichst, stehen beide Gedanken zunächst wie gleichwertig nebeneinander. So wirst Du innerlich neutral und gehst nicht mehr nur den Gewohnheitsgedanken nach, die im zweiten Teil des Satzes folgen. Der zweite Teil wirkt dann deutlich weniger schwer. Beide Sachverhalte fühlen sich dann oft zunächst einmal neutral an! Von diesem Moment an förderst Du die Fähigkeit, die neue Idee mit mehr Kraft und Leben zu füllen, sehr viel besser und leichter. Es wirkt meist ganz automatisch!

Es ist immer eine Frage, wie hoch der Leidensdruck ist. Bei vielen ergibt sich erst eine Änderung, wenn der Druck so hoch ist, dass es einfach gar nicht mehr geht und die ganze Situation eskaliert. Andere schätzen die Risiken der Veränderung schon im Voraus als vertretbar ein und ändern ihre Routinen und Gewohnheiten, bevor die Situation komplett entgleist. Das ist natürlich der bessere Weg, setzt aber eine klare Einsicht, viel Ehrlichkeit sich selbst gegenüber und dann auch eine mutige, klare Entscheidung voraus.

Fällt man die Entscheidung nicht und wartet zu lange ab, kann es sein, dass sich die Abwärtsspirale immer weiter nach unten dreht und irgendwann das Leben für uns entscheidet. Man verliert seine Stelle, Selbständige verlieren ihre Aufträge oder man wird krank oder macht alles durch Alkohol und andere Suchtmittel nur noch schlimmer. So manch einer hält eine selbstmotivierte Veränderung dann immer weniger für machbar und bringt kaum noch die nötigen Kräfte auf. Also besser früh genug hinschauen und in Ruhe abwägen, was man tun sollte.

So eine Abwärtsspirale erlebte ein Coaching-Klient von mir, der mich eines Morgens verzweifelt anrief und unbedingt noch in derselben Woche mit mir ein persönliches Gespräch vereinbaren wollte. In einem so genannten „One to One" kann man einen Berater von uns buchen und sich zu verschiedenen Themen coachen lassen. Dauer und Umfang des Gespräches bestimmt einzig und allein der Kandidat oder die Kandidatin. Mit diesem Bewerbenden vereinbarte ich nun ein Gespräch für Freitag kurz vor Mittag. Noch im Voraus hatte er mir seine kompletten Bewerbungsunterlagen gemailt, sodass ich mich entsprechend vorbereiten konnte. Er hatte einen sehr spannenden Werdegang: Uniabschluss mit Vertiefung im Bereich BWL, sehr gute Sprachkenntnisse in Deutsch, Englisch, Französisch und Italienisch, mehrjährige Führungserfahrung als Abteilungsleiter bei einem der renommiertesten Autohersteller der Welt. Bis dahin hatte er sehr gute Zeugnisse und Referenzen. Wie ich seinem Lebenslauf entnehmen konnte, wechselte er von der Automobilbranche in die Bankenwelt, wo er weitere 5 Jahre arbeitete. Ein Zeugnis aus dieser Zeit lag noch nicht vor. Ich wusste aber aufgrund der Angaben im Lebenslauf, dass er bereits über acht Monate auf Stellensuche war.

In diesem Augenblick streckte meine Assistentin den Kopf zur Tür hinein und sagte: „Ihr Klient ist bereits im Sitzungszimmer. Er wirkt sehr nervös", fügte sie noch kurz hinzu. „Alles klar," entgegnete ich, sortierte kurz die Unterlagen und machte mich auf den Weg. Ich klopfte kurz an und öffnete die Tür. Am kleinen runden Tisch saß ein Mann Mitte vierzig. Seine Haltung leicht gebückt. Sein Gesicht wirkte ernst und irgendwie abgekämpft. Wir begrüßten uns und setzten uns leicht versetzt am runden Tisch hin. Er wirkte wirklich nervös und er hatte, trotz herbstlicher 15 Grad Außentemperatur, Schweißperlen auf der Stirn. „Wie möchten Sie am liebsten vorgehen?" fragte ich ihn. Und die nächsten zwanzig Minuten erzählte er mir seine Geschichte und seinen persönlichen beruflichen Werdegang. Vom Anfang seiner Karriere, die so gut startete, von seinem Studium, welches er mit guten Noten abschloss, vom ersten Job, dem Einstieg in die Traumbranche Automobilindustrie, seine erste Beförderung, den spannenden Projekten, den Auslandseinsätze und dann über den Einstieg in die Bankenwelt. Er sprach vom großen Lohnsprung, von den super Boni– und dann vom Vorgesetztenwechsel und dem Mobbing, von Schikanen und der Abwärtsspirale bis hin zur Resignation. Das Einzige was ihn davon abhielt zu kündigen, war das überdurchschnittlich gute Einkommen. „Schon am 26. des Monats", erzählte er mir, „also kurz nach Auszahlung des Lohns, war meine einzige Motivation der nächste Zahltag am 25. des nächsten Monats". Eine andere Motivation gab es nicht. Weder die Aufgaben, noch das Team, noch die Bank selbst. Der Lohn war das Einzige, was ihn zurückhielt und gewissermaßen auch lähmte, seine unbefriedigende Situation zu ändern. „Ich hätte selbst nie daran geglaubt, dass ich jemals in so eine Situation geraten könnte! Das heißt nicht, dass ich untätig herumsaß. Ich verschickte immer mal wieder eine Bewerbung. Aber es war meist eine unbedeutende 08/15-Bewerbung".

Er harrte aus und hoffte, dass es eventuell wieder einen Chefwechsel gäbe. Aber nichts passierte. Die Probleme am Arbeitsplatz verschärften sich. Das Verhältnis mit seinem Vorgesetzten war unerträglich. Nun fing es auch noch zu Hause in der Beziehung mit seiner Frau an. Plötzlich hatten sie viel mehr Streit als zuvor. Er blieb abends länger weg, trank immer mehr Alkohol, manchmal schon früh am Morgen. Er wusste, dass er ein Problem hatte, konnte aber nicht mehr die Kraft aufbringen, aus diesem Schlamassel herauszukommen. So ging es weiter bis er eines Tages zusammenbrach und im Spital landete. Er konnte nicht mehr in der Bank arbeiten.

Nun hatte er Zeit, sich wieder aufzupäppeln. Er stoppte komplett mit dem Alkohol und fing wieder an, Sport zu treiben. Auch das hatte er völlig vernachlässigt. Gerade er, der früher so regelmäßig joggte und sich immer viel bewegte. Nun wusste er, dass es so nicht weitergehen konnte, denn er war auf dem besten Wege gewesen, sich und seine Beziehung kaputt zu machen. Den Job war er los. Er wollte auch nicht mehr zurück. Sein Arbeitszeugnis bei der Bank und auch die Referenzauskunft fielen dementsprechend nur mäßig und durchwachsen aus. Sein Selbstbewusstsein war an einem Tiefpunkt angekommen.

Dies ist ein wirklich gutes Beispiel, dass es extrem wichtig ist, sehr früh zu handeln und eine mutige Entscheidung zu treffen – guter Lohn hin oder her. Er hätte sich die Schikanen seines Chefs nie gefallen lassen dürfen, hätte von Anfang an seinen Standpunkt mutig vertreten und schon ganz früh signalisieren sollen und müssen, dass er sich das nicht gefallen lässt. Man darf einfach nicht unterschätzen, dass einem plötzlich die nötige Kraft fehlt, wenn man zu lange wartet, und man sich irgendwann mit einer negativen Situation abfindet und dann ganz resigniert.

Damit wären wir wieder bei der Macht der Gewohnheit. Er hatte lange das Gefühl, härter und ausdauernder zu sein als andere. Vielleicht wollte er sogar seinem Chef beweisen, dass er ihn nicht so schnell klein machen könnte. Aber was bringt uns das? Oft nur einen Scherbenhaufen.

Manchmal sieht es so aus, als müssten wir in unseren Gewohnheiten verharren, bis der Zeitpunkt des unerträglichen

Schmerzes kommt. Wir fühlen uns nicht im Stande, die notwendigen Schritte früher zu tun. Blind und wie gelähmt verharren wir und hoffen auf ein Wunder. Die gute Nachricht ist: Gewohnheiten kann man definitiv ändern. Und genau darum geht es in der folgenden Übung.

Übung: Gewohnheiten ändern

Überlege Dir, welche Deiner Gewohnheiten Dich stören und was Du daran ändern möchtest. Sei dabei ganz ehrlich. Denn es geht ja hier nur um Dich und um niemand anderen – also sei radikal ehrlich. Mache Dir Notizen dazu.

Wenn Du erst einmal aufgeschrieben hast, welche alten Gewohnheiten Dich stoppen und stören, wird es Dir auch richtig bewusst. Es muss gar kein langer Text sein. Es genügen ein paar Stichworte. Ich persönlich habe in meiner Agenda eine separate Sparte für Notizen. Dort lege ich alle meine Gedanken, Ziele und Wünsche ab. Da mache ich mir Dinge bewusst, schreibe kurz auf, was mir in den Sinn kommt. Diese Zettel schaue ich immer wieder mal an. Meistens überlege ich mir schon am Morgen beim Frühstück, worauf ich heute den Fokus legen möchte. Ganz konkret. Das dauert nicht lange und ist mit wenig Aufwand verbunden. Wir Menschen können uns in Sekundenschnelle neu ausrichten und den Fokus anders legen oder die Gedanken und die Stimmung ändern.

Hast Du das auch schon erlebt, dass Du müde oder vielleicht

niedergeschlagen bist und einfach keine Energie hast? Wenn Dich dann aber jemand anruft und Dir eine absolut positive Nachricht überbringt, kann in diesem Moment die Müdigkeit plötzlich wie weggeblasen sein! Es ist auf einmal wieder sehr viel Energie vorhanden.

Diesen Vorgang können wir aktiv mitsteuern. Wir entscheiden, wie wir uns fühlen wollen. Wenn uns zum Beispiel jemand ärgert, entscheiden wir willentlich, wenn wir es gelernt haben, ob wir uns runterziehen lassen oder nicht. Wir könnten den Ärger rasch wegstecken, indem wir uns denken: „Das ist ja gar nicht relevant für mich. Er oder sie hat lediglich einen schlechten Tag und das hat nichts mit mir persönlich zu tun. Das geht mich nichts an und ist nicht mein Problem." Wir haben es also selbst in der Hand, wie wir auf äußere Einflüsse reagieren. Es ist meist nur eine Frage der inneren Einstellung und der daraus folgenden Reaktion, wie wir uns fühlen.

Aber zurück zu unseren Gewohnheiten. Mich selbst ärgert es zum Beispiel, dass ich immer überlege, was wohl die anderen denken. Teilweise möchte ich es allen recht machen. Dazu könnte die Notiz auf meinem Zettel also wie folgt aussehen:

Ich entscheide mich jetzt mit aller Entschlossenheit und Kraft, dass es mir völlig gleichgültig bleibt, was andere denken!

Das bedeutet:

- Egal was passiert oder was ich mache, ICH entscheide, was ICH für richtig halte und gehe dementsprechend meinen Weg.
- Ich lebe mein Leben und verfolge meine Ziele so, wie ich es will.
- Die Menschen sind unterschiedlich. Ich weiß, was ich will und lebe danach.
- Es gibt niemanden da draußen, der mir vorschreiben kann, was ich zu tun und zu lassen habe. Es gibt niemanden da draußen, der das für mich optimale Verhalten besser erkennt als ich. Der einzige, der weiß, was wirklich wichtig und richtig für mich ist, bin ich selbst.

Konsequenz: Ich überlege nicht mehr, was andere denken, sondern was ICH will. Ich weiß, dass alles was ich mache, gut und in Ordnung ist, solange ich selbst die volle Verantwortung für alle Konsequenzen daraus trage. Ich muss niemandem mehr gefallen, als mir selbst. Ich suche mir „mein Ding" heraus, entscheide mich verantwortungsbewusst dafür, ziehe es dann durch und lasse mir nie wieder ein schlechtes Gewissen einreden.

Ziele setzen

„Wer seine Ziele nicht an den Sternen festmacht, kommt nicht mal auf den Kirchturm."
- Patrick Swayze, U.S. Schauspieler

Es ist erwiesen, dass Menschen, die sich Ziele setzen und diese auch schriftlich formulieren, um ein Vielfaches erfolgreicher sind, als diejenigen, die einfach in den Tag hinein leben. Die Ziele trennen die Spreu vom Weizen.

Tipp von Raho: *Menschen brauchen zwar oft auch Zeit für Muße, um glücklich zu sein, doch machst Du Dir einmal klar, was Dich wirklich begeistern könnte, wächst die Kraft und Zuversicht, um ernsthaft große Ziele zu formulieren. Wer da sucht, der findet auch einen Weg zur Verwirklichung. Die Einsatzbereitschaft zur Zielerreichung steigt, sobald Du Deinen Plan zur Erfüllung schriftlich formulierst.*

Um größere und anspruchsvollere Ziele zu erreichen, wie zum Beispiel einen neuen Job zu finden, mit aller Entschlossenheit die nächste Karrierestufe zu erreichen, 50% mehr zu verdienen, ein eigenes Haus zu kaufen oder zu bauen oder einen Marathon zu laufen – dazu ist die richtige Zielsetzung unabdingbar.

Die Fähigkeit, Dir selbst eigene Ziele zu setzen, ist eine der herausragendsten Eigenschaften, die Du Dir als Mensch angewöhnen kannst. Die meisten Tiere scheinen nur instinktiv handeln zu können. Eine Amsel beschäftigt sich nicht mit dem Winter, bevor dieser kommt oder baut ein Haus mit Heizung und Energieversorgung. Die Fähigkeit über mehrere Tage, Wochen und sogar Jahre zu planen, scheint dem Menschen vorbehalten zu sein. Der viel weitere Horizont ermöglicht sehr viel größere Ergebnisse.

Warum soll man sich überhaupt Ziele setzen? Klare Zielsetzungen bringen sehr verschiedene Vorteile mit sich: Ziele fokussieren die Aufmerksamkeit und sie energetisieren Handlungen. Es fällt leichter sich zu fokussieren. Ziele geben dem Alltag eine Struktur, die zur Erfüllung führt! Durch herausfordernde Ziele lernen wir uns selbst und unsere Grenzen besser kennen. Menschen mit klaren Zielen zeigen höhere Werte der Zufriedenheit im Alltag. Dies trifft umso mehr zu, wenn die Ziele perfekt mit den eigenen Werten übereinstimmen. Wer keine eigenen Ziele hat, wird dazu verdonnert, den Zielen anderer zu dienen oder deren Ziele zu übernehmen. Ziele sind Wegweiser zu Deinen Begabungen und Aufgaben. Deine Wünsche und Ziele sind Botschaften an Dein Unterbewusstsein.

Die richtigen Ziele können beflügeln, Begeisterung auslösen und einem den nötigen Kick geben, um das Leben so schön zu leben, wie man es leben kann. Dein Ziel muss es sein, Deinen eigenen, ganz persönlichen Weg zu finden. Deinen Weg, der keine andere Rechtfertigung braucht als die simple Tatsache, dass es Dein persönliches Leben ist, und dass Du die Erfüllung Deiner Bestimmung im Leben selbst verwirklichst.

Gehen wir mal davon aus, dass Du Dir noch keine konkreten Ziele gesetzt hast und Du Dir noch nicht im Klaren bist, was Du möchtest. Wenn es so wäre: nicht weiter schlimm. Es ist nicht wichtig, wo Du heute stehst. Es ist aber wichtig, wo Du in 5 oder 10 oder 20 Jahren stehst. Denn wenn Du in der ersten Lebenshälfte nicht lernst, dass Du Dein Ding tust und das tust, was in Dir brennt, wird es mit zunehmendem Alter eher schwerer, sein Ding zu finden und wirklich umzusetzen.

Schlimm wäre es also nur, wenn Du Deine Ziele noch nicht hast, Dich weiterhin nur im Kreis drehst und auch in 6 Monaten noch immer ohne Plan, ohne Richtung und ohne Ziele dastehst. Es gibt Menschen, die warten einfach immer nur ab, bis etwas von außen kommt, bis etwas passiert. Ein Lottogewinn, eine Beförderung oder eben die Kündigung von heute auf morgen. Viele denken und hoffen, dass es von alleine besser wird. Irgendetwas wird da schon passieren. Wenn ich nicht muss, bewege ich mich nicht mehr als nötig. Es könnte ja auch schlimmer sein!?

Erinnere Dich an Deine Kindheit, als Du jeden Tag voller Tatendrang und ganz ohne Angst zu neuen Abenteuern aufgebrochen bist. Einfach ausprobieren. Wo sind dieser Mut und die kindliche Unbekümmertheit hin?

Tipp von Raho: *Erzähle mir nichts von negativen Erfahrungen, die Dich stoppen und behindern. Denn jeder Mensch hat etwas, das ihn stoppen kann. Aber in jedem Mann steckt auch*

ein kleiner neugieriger Junge, in jeder Frau auch ein neugie-
riges Mädchen, die die Welt entdecken können. Wenn Du es
vergessen hast, dann hole Dir die kindliche Verspieltheit wieder!
Stell Dir vor, wie es im Kindergarten ist, wenn man nichts tun
muss, außer etwas zu spielen, was Spaß macht. Stelle Dir vor,
was Du getan hast, wenn Du als Schulkind nach den Schulauf-
gaben nichts mehr tun musstest! Schwelge ein paar Minuten
in Gedanken, bis Du Dich erinnerst, was Du tun würdest, wenn
Du wirklich gar nichts tun müsstest. Die kindliche Neugier hat
Dich erkunden und erobern lassen, wo immer es etwas Span-
nendes zu TUN gab. Lasse Dich darauf ein, in Gedanken zu
tun, was Du am liebsten tun möchtest. Mache Dich in Gedan-
ken frei vom heutigen Alltag und befreie Dich in Gedanken von
Dingen, die Du heute täglich tun musst. Sei wie im Urlaub.
Lasse Dich innerlich gedanklich treiben und verfolge die Frage:
Was würde ich tun, wenn ich es könnte, wie würde ich der Welt
meine natürliche Handlungsfreude am liebsten anbieten? Falls
Dir diese Übung schwer fällt, beobachte kleine Kinder! Besu-
che Freunde, die Kleinkinder haben oder sprich mit Menschen
auf Kinderspielplätzen, dass Du Dich zur Inspiration gern daran
erinnern würdest, wie Kinder sind. Sicherlich wird die eine oder
andere Mutter begeistert mit Dir reden und berichten, wie neu-
gierig, staunend und clever so ein Kind seine Welt erkundet.
Hab Spaß damit!

Ziele sind ein Ausdruck Deiner Bestimmung. Es gibt Menschen,
so hat man das Gefühl, denen gelingt scheinbar fast alles. Die
gehen locker von Erfolg zu Erfolg. Sie verwirklichen ihre Ziele

ganz einfach. Das kannst Du aber auch! Denn so ist die Natur des Menschen. Du kannst es mit hundertprozentiger Sicherheit! Du musst Dich allerdings ganz klar dafür entscheiden und zu 100% ins Tun kommen – damit Du alles Notwendige auf dem neuen Weg auch TUN wirst und nicht nur darin schwelgst und davon träumst.

Bei einer klugen Zielsetzung kommt es darauf an, und das ist extrem wichtig, dass Du Dir große Ziele steckst. Solche, die Dich anspornen. Ziele, die aus heutiger Sicht sogar unrealistisch sind. Es ist eine Tatsache, dass wir uns bei den kurzfristigen Zielen meist überschätzen, bei den langfristigen Zielen aber, die wir in den nächsten 10 oder 20 Jahren zu erreichen im Stande sind, unterschätzen sich alle Menschen ganz massiv. Deshalb ist es wichtig, dass wir groß denken und uns auch etwas Großes zutrauen. Es sollen aus heutiger Sicht keine schon realistisch planbaren Ziele sein. Viel mehr kommt es darauf an, dass sie uns berühren. Ziele, bei denen Du denkst: „Ja! Wenn ich DAS erreichen würde, das wäre für mich das Nonplusultra." So soll es sich anfühlen!

Stecke Dir also keine kleinen Ziele, die banal, alltäglich und langweilig sind. Denn Du kannst riesige Ideen verwirklichen, die über Jahre und Jahrzehnte wachsen! Fast alles, was wir heute für selbstverständlich halten, war vor nicht allzu langer Zeit noch unvorstellbar. Zum Beispiel einen Computer zu haben – das gibt es erst seit 30 oder 40 Jahren! Und das Internet. Oder das Versenden von SMS. Das ist erst gut 20 Jahre her!

Für mich ist das heute noch wie ein Wunder. Wenn ich in Südamerika eine SMS versende, kommt sie einige Sekunden später viele tausend Kilometer entfernt in der Heimat an. Oder nehmen wir Google und andere Apps, mit denen wir einfach sofort alles in Erfahrung bringen können, was wir wissen wollen. Das ist so einfach! Und es wird noch sehr viel dazukommen in der Zukunft. Vieles, was wir früher aus Sciencefiction Filmen kennen ist heute Wirklichkeit. Ich warte nur darauf, bis endlich jeder ein eigenes Flugobjekt besitzt und fliegen kann. So wie bereits heute fast jeder erwachsene Europäer ein Auto besitzt: Haben wir zukünftig vielleicht ein Kleinflugzeug? Eine fliegende Untertasse? Wer weiß, wie wir die Möglichkeiten dieser Welt nutzen. Diese sind wirklich grenzenlos. Alles, wirklich alles erscheint möglich, wenn wir lange genug daran arbeiten und uns viele Jahrzehnte lang weiter entwickeln! Wir müssen daran glauben und ein Bild davon für uns selbst kreieren, was wir wirklich erleben WOLLEN.

Also sei mutig bei der Wahl Deiner Ziele. Setze Dir wirklich große Ziele. Was bewegt Dich? Was möchtest Du tun, haben, sein? Was ist es, was Dich ganz tief in Deinem Herzen antreibt? Den Hunger in der Welt beenden? Trinkwasser in die Wüste liefern? Eine eigene Firma mit 100 Mitarbeitern? Eine Farm in Kanada mit 1000 Rindern? Eine Restaurantkette mit weltweiten Niederlassungen? Oder ein kleines, feines Hotel auf den Malediven? Eine eigene Tauchschule? Oder ein Abenteuer in Australien im Busch erleben? Was bewegt Dich? Was ist es bei Dir?

Tipp von Raho: Denke daran, dass alles, was ein Mensch tun kann – oder konnte – wahrscheinlich auch ein anderer Mensch tun könnte. Die Frage ist doch nur, was Du so sehr gern tun würdest, dass Du alles Nötige dafür lernen würdest? Du wirst und kannst die kuschelige Komfortzone Deiner Couch freudig verlassen, wenn Du eine brisante, spannende Sache erreichen und verwirklichen könntest! Suche danach! Das ist wie beim Verlieben. Wenn es Dich gepackt hat, kannst Du Dinge tun, die Du sonst nie tun würdest. Was ist das bei Dir?

Wenn Du es hast, wirst Du vermutlich erkennen, dass diese Sache etwas ist, was Du irgendwie auch schon als Kind geliebt oder gewollt hast. Ich gehe davon aus, dass jedes Kind eine Art „Lebensaufgabe" schon als Baby in sich trägt. Du solltest Dir selbst die Erlaubnis geben, so verrückt (genug) zu sein, jetzt als Erwachsener Stück für Stück etwas davon in die Tat umzusetzen, bis Du Dich völlig auslebst!

Übung: Ziele setzen

Nimm ein großes weißes Blatt, so wie auch zuvor bei der Übung mit Deinen Gewohnheiten, die Du aufgeschrieben hast. Beschrifte es oben mit dem Titel: Meine großen Ziele. Jetzt schreibe ganz spontan zuerst Deine Herzenswünsche auf. Das ist eine ganz persönliche Sache. Du musst das Blatt niemandem zeigen.

Was kommt da aus Dir heraus? Und noch einmal: Denke groß! Scheue Dich nicht, Dinge aufzuschreiben, bei denen Du heute noch denkst: Das geht nicht, das kann ich doch nicht planen. Nein! Falsch gedacht! ALLES ist möglich, was Du als eine mögliche Realität erträumen kannst. Schreib es auf. Notiere Dir Deine innigsten Wünsche und formuliere dann Ziele daraus.

Dann setze dahinter ein Datum, bis wann Du das Ziel erreicht haben möchtest. Das kann also beispielsweise so aussehen: „Ich habe in 5 Jahren eine Familie mit einer wunderbaren Partnerschaft und zwei wunderbaren Kindern!" Oder: „Ich verdopple mein Einkommen in den nächsten 12 Monaten." Oder: „In genau drei Jahren eröffne ich meine eigene Tauchschule auf den Malediven." Oder: „Ich habe mein eigenes Unternehmen mit X Mitarbeitern und beliefere X Menschen!"

Dieses Papier solltest Du ab jetzt irgendwo hinlegen, wo Du es immer mal wieder ansiehst, um Dir bewusst zu machen, was Du eigentlich willst. Male Dir Deine Ziele und Träume dann allmählich auch in allen Einzelheiten aus. Gib ein Gefühl oder auch Gerüche, Akustik und Sonne oder Wind mit hinein. Lebe schon jetzt förmlich in ihnen. Du kannst dieses Papier auch immer wieder einmal mit neuen Worten aufschreiben. Mit diesem Papier fokussierst Du Dich immer wieder von neuem darauf, was Du möchtest. Es bringt Dich immer wieder auf Kurs. Es bringt Dich zum Handeln. Denn Dein Unterbewusstsein wird Dir nun dabei helfen, Deine Ziele zu erreichen. Es ist quasi Dein Kompass. Wichtig dazu ist, dass Du Dich immer wieder fragst: Bin ich noch auf Kurs, bin ich in der richtigen Richtung unterwegs? Arbeite ich auf meine Ziele und Träume hin? Oder bin ich aktuell vom Kurs abgedriftet?

Ich persönlich habe in meiner Agenda eine Sparte, in der ich meine Ziele hinterlegt habe und auch meine Gewohnheiten, die ich ändern möchte, aufschreibe. Da ich meine Agenda mit meinen Notizen immer dabei habe, kann ich mich immer wieder auf Kurs bringen. Das Verfolgen meiner Ziele und das ständige Optimieren ist inzwischen eine starke Gewohnheit geworden.

Es mag sein, dass Du ein Ziel definierst und es nicht genau an diesem Termin, den Du Dir gesetzt hast, erreichen kannst. Lass Dich dadurch nicht entmutigen. Setze einen neuen Termin. Du wirst feststellen, dass Du in dieser Zeit bereits einen Großteil Deiner Ziele verwirklicht hast. Freue Dich über das Erreichte und arbeite gezielt weiter. Es ist nur eine Frage der Zeit, bis Du auch die anderen Ziele verwirklichen wirst. Es steht schon in der Bibel geschrieben: „Wer glaubt, dem wird gegeben." Stelle Dir Deine perfekte Zukunft immer wieder vor. Lebe darin und lebe so, als ob Du das Gewünschte bereits erreicht hättest.

Damit löst Du einen unerwarteten Prozess aus: Je intensiver die Wünsche sind, desto kleiner werden die Probleme, die der Realisierung im Wege stehen könnten. Nehmen wir an Du träumst davon, ein Haus mit Seesicht zu besitzen. Solange der Wunsch noch sehr vage ist, kommen schnell die ersten Zweifel. Das kann ich mir nicht leisten. Es ist alles schon so verbaut, da gibt es gar kein Land mehr am See. Mit einem Haus ist man an die Hypotheken gebunden. Was ist, wenn plötzlich die

Zinsen massiv steigen? Was ist, wenn ich das Haus plötzlich nicht mehr möchte? Da fängt sich das Kopfkino wie wild an zu drehen und unerbittlich wird jeder Wunsch und jeder Traum zerschlagen oder vernichtet.

Zuerst geht es NUR darum: WAS WILL ICH? Es geht NICHT darum, WIE es geht!

Und jetzt kommt das große Geheimnis rund um die Ziele: Du darfst Dich mit aller Konsequenz NUR um das WAS kümmern. Vergiss vorerst einfach das WIE. Die Gedanken (und Sorgen oder Zweifel) über das WIE vernichten jeden Wunsch und die Ideen, wie man seine Ziele irgendwann tatsächlich erreichen könnte und kann.

Tipp von Raho: *Bleib am Ball, wenn Du Deine Wünsche und Ziele formuliert hast. Lass Dich nie von anderen Leuten beeindrucken oder gar abbringen. Viel besser: bleibe kreativ! Wenn es auf dem Weg A nicht geht, suchst Du Weg B. Die meisten negativen Kommentatoren erreichen ihre Erfüllung nie selbst. Leider sind viele Menschen so programmiert, dass sie Dir Deine Erfüllung nicht gönnen. Also halte Deine großen Ziele geheim und sprich nur mit Menschen darüber, die Dich ermuntern würden. Mahnt einer zur Vorsicht, sprich nie mehr mit diesem darüber – so krass das auch klingen mag: Willst Du gefördert oder behindert werden? Die meisten Menschen sind leider nicht von reiner Liebe erfüllt, um Dir zu helfen, und dies gilt auch für gute Freunde und manchmal sogar für die Lebenspartner...*

Das große Geheimnis der Zielerreichung liegt darin, dass Du vorerst das WIE vergisst und Dir absolut keine Gedanken darüber machst. Streiche das WIE! Es geht jetzt nur darum, was Du wirklich willst. Das ist eine wichtige Spielregel, die Du beachten musst. Es ist ein Teil des Prozesses. Unser logischer Verstand will uns immer sofort einreden, dass etwas nicht geht. Ich kann mir das nicht leisten, das ist zu schwierig, zu gefährlich oder nicht realistisch.

In dem Moment, in dem Du Dir aber bewusst wirst, dass diese Wünsche und Träume aus einem guten Grund so bei Dir erwachen, sollte man diese Wünsche ernst nehmen und ihnen folgen. Dann passieren plötzlich glückliche Zufälle. Wir richten unsere Wahrnehmung auf die Verwirklichung, suchen nach passenden Objekten, stöbern auf Internetplattformen, sprechen mit Menschen und plötzlich oder allmählich ergibt sich das Eine und dann das Andere.

Zur Verwirklichung Deiner Wünsche und Ziele muss ein mutiger und kraftvoller Prozess in Gang gebracht werden. Es ist ein Prozess, der auch neue und daher wahrscheinlich ungewohnte Wege zeigt. Deshalb darfst Du am Anfang nie an den Weg zu Deinen Zielen und Wünschen denken.

Wenn die Idee des eigenen Hauses vom Traum zum Ziel mutiert, schmelzen so manche Probleme auf Dauer dahin wie Butter in der Sonne. Sobald Du ein ganz konkretes Projekt benennen kannst, sobald Du Dich definitiv entschieden hast, die anfangs verrückte Idee durchzuziehen und zu realisieren, sobald Du Dir bereits im kleinsten Details ausmalst, wie Dein Wohnzimmer, Deine Küche, Deine Zimmer aussehen werden, wird alles immer einfacher. Und sobald Du diese Mechanik des Lebens einmal begriffen hast, realisierst Du einen Traum nach dem anderen. Immer nach demselben Muster: Höre auf Deine innere Stimme und lasse sie ausreden. Blocke nicht jeden Wunsch sofort ab, sondern kreiere ein kraftvolles inneres Bild. Damit machst Du Dich unermüdlich an die Arbeit zur Verwirklichung Deines Zieles. Überlege Dir jeden Tag, was Du heute tun kannst, um Deinem Ziel wieder etwas näher zu kommen. Bleibe also auf Zielkurs und glaube immer fester daran, dass Du das Ziel erreichen wirst. Versprich Dir selbst, dass - egal was auch passiert - Du an diesem Ziel so lange festhältst, bis Du es erreicht hast. Deine Entschlossenheit wird Dich zu Deinem Ziel führen.

Akzeptiere, dass Du ganz verrückte Ziele und Wünsche in Dir trägst. Du wirst bald erkennen, dass da eine Begeisterung freigesetzt wird, die nach immer mehr verlangt. Und das ist gut so. Denn Du merkst plötzlich, wie einfach es sein kann. Du hast jede Menge Kraft und Energie. Nimm Deine Zukunft ab sofort ernster als jemals zuvor. Packe Deine Wünsche beim Schopf. Lebe Dein Leben. Gehe Deinen ganz persönlichen Weg.

Hör auf Deine innere Stimme, denn sie ist es, die Dir Deinen Weg zeigt. Jede Minute, jede Stunde, jeden Tag. Nimm Dir immer wieder Zeit und höre in Dich hinein. Gehe in die Stille. Setz Dich ruhig hin, ganz für Dich alleine. Wenn Du möchtest, nimm einen

Schreibblock und notiere Dir Punkte zu gewissen Themen, die Dich beschäftigen. Schreib es auf. Du wirst staunen, was in dieser Ruhe so alles hochkommt. Mach Dir Dein Unterbewusstsein zu Deinem Verbündeten.

Das Hobby zum Beruf machen

Mache Dein Hobby zum Beruf und Du wirst nie mehr arbeiten müssen. – Laotse

Das Geheimnis des persönlichen Erfolges ist einfach. Es entsteht als Antwort auf die Frage:

Welchen Nutzen biete ich meiner Umwelt?

Auf der Suche nach dem Sinn unserer Arbeit sollten wir uns immer wieder fragen, welchen Sinn wir damit überhaupt anbieten und stiften. Was können und wollen wir der Welt damit liefern?

Und genau hier liegt das ganze Geheimnis: Sobald Du das gefunden hast, was Dir voll und ganz entspricht, und damit etwas tust, was Anderen Wert und Dienst bringt, kannst Du wirkliche Spitzenleistungen vollbringen. Wer tut, was er liebt, der vergisst auch regelrecht die Zeit. Die Arbeit macht Spaß, beflügelt und geht leicht von der Hand. Es ist also unendlich erstrebenswert, das zu finden, was einem wirklich liegt. Wenn Du erfolgreich und auch glücklich im Beruf sein willst, geht das auf Dauer nur, wenn Du etwas machst, was Dich begeistert. Denn dann kommst Du in den sogenannten „Flow-Zustand": Alles fließt und geht gut, weil dabei alles in Dir gut und im Fluss ist. Dann macht es Dir auch nicht viel aus, zeitweise einmal „hart" zu arbeiten, vielleicht sogar 12, 14 oder 16 Stunden –

denn Du machst es ja gern.

Von außen betrachtet hat man immer das Gefühl, dass die erfolgreichen Leute einfach mehr Glück haben und scheinbar immer zur richtigen Zeit am richtigen Ort sind. Klar, ein Quäntchen Glück gehört bestimmt auch dazu, aber man kann das Glück leichter kommen lassen, wenn man selbst im Flow ist. Wir sehen die wirklich Erfolgreichen erst, wenn sie bereits ganz oben stehen und wir vergessen dabei, wie viel Disziplin, Perfektion und welch großer Einsatz effektiv dahinter steht bzw. stand.

Nehmen wir zum Beispiel einen Profi-Tennisspieler wie Roger Federer. Natürlich ist er unbestritten ein einzigartiges Talent. Aber er arbeitet noch heute hart an sich und ist ein Perfektionist. Immer wieder optimiert und verfeinert er seine Schläge, seine Technik. Ein Profi wie er schlägt jede Woche mehrere tausend Bälle übers Netz. Der ganz große Erfolg ist nur möglich, wenn man wirklich große Freude an seiner Aufgabe hat! Man muss anfangs viele Niederlagen einstecken – das ist klar. Aber wenn man tut, was man liebt, will man besser werden und steht immer wieder auf! Dann spornt jedes Ergebnis an, es nochmals zu tun und diese innere Einstellung, es immer wieder tun zu wollen, ist spielentscheidend! Wer Erfolg will, muss lernen, mehr von dem zu tun, was er liebt.

Viele Menschen erreichen ihre Ziele deshalb nicht, weil sie spätestens nach dem dritten Versuch aufgeben und enttäuscht feststellen: „Geht nicht". Erfolg aber ist im Umfeld vieler

Menschen immer auch ein Vorsprung vor Anderen. Er kann sich nur dann einstellen, wenn man all seine Gedanken in eine positive Richtung lenkt und wenn man niemals aufgibt. Dafür braucht es einfach diese große Freude und einen klaren Entschluss dafür, seiner Freude ganz entschlossen zu folgen und Taten folgen zu lassen. Man sollte diesen tiefen, grundsätzlichen Entschluss natürlich ganz konkret machen und ihn schriftlich festhalten. Denn es kommen im Leben immer auch andere Tage, wo man sich daran festhalten muss: „Egal was passiert, egal wie viele Rückschläge kommen, ich weiß tief in meinem Inneren, dass ich jedes Mal ein kleines bisschen besser werde". Irgendwann kommt dann plötzlich ein Durchbruch. Irgendwann! Ganz bestimmt. Erfolge erzielt man nur durch Rückschläge, die man überwunden hat, und durch echte Ausdauer, mit der man am Ball bleibt. Und das geht am besten mit dem, was man am meisten liebt!

Will man wirklich erfolgreich sein, dann braucht es unser volles Engagement.

Welche Talente und Begabungen wurden Dir geschenkt? Wo kannst und willst Du in Deinem Leben ein Profi sein? Sei es als Sportler wie Roger Federer, als ein Rennfahrer wie Michael Schumacher, als Musiker, Sänger, Programmierer, Berater, Lehrer oder Handwerker! Wie kannst Du dieser Welt am besten etwas mitgeben, was Dir ganz leicht von der Hand geht?

Tipp von Raho: *Der nächste Schritt nach der Zielformulie-*

rung und dieser klaren, inneren Entschlossenheit, Dein Ding zu machen und Deinen Weg zu erkunden, um in Deiner eigenen Art ein Meister Deines Fachs zu werden, fordert nun einen Handlungsplan. Schreibe Dir auf (!), was Du im Alltag ab sofort machen kannst, um Deine großen und auch die evtl. sich daraus ergebenden kleineren Ziele in praktische Schritte umzusetzen. Was könntest Du sofort tun? Was sind die nächsten Schritte, die Du schon erkennen kannst? Wen könntest Du um Hilfe und Feedback für Deine Planung ansprechen, mit wem könntest und willst Du Dich gedanklich darüber austauschen?

Nun geht es weiter zu einer nächsten, ebenfalls wichtigen Übung. Sie braucht etwas Zeit und man sollte sich an einen ruhigen Ort zurückziehen, wo man ungestört ist und seinen Gedanken freien Lauf lassen kann. Diese Übung bringt Dir mehr Klarheit und entwickelt eine enorme Kraft. Sie setzt den Prozess der Realisierung in Gang und hält ihn in Schwung. Dadurch werden Dir Deine Wünsche und Träume noch deutlicher bewusst. Du holst Deine Wünsche aus Deinem Unterbewusstsein hoch und schreibst drauf los, ganz egal was Dein Kopf dazu an Gedanken produziert. Wichtig ist, dass Du nicht auf die Rechtschreibung oder die Formulierung oder Deine Schreibweise achtest. Schreibe gleich einfach drauf los. Mache diese Übung am besten auch nur für Dich alleine. Was Du jetzt aufschreibst ist nämlich sehr persönlich und geht im Grunde nur Dich etwas an. Denn Du kannst und sollst Dich von bisherigen Denk- und Verhaltensweisen lösen und neue Verhaltensweisen ausprobieren und angewöhnen. Merke Dir: Es gibt keine gewohnheitsmäßigen Begrenzungen, die Du nicht überwinden könntest. Auf Dauer kannst Du das. Traue Dich also hier wieder ganz groß zu denken. Es sollte hier natürlich keinen Gedanken geben, der „unmöglich" sagt. Es gibt kein „Das geht doch nicht". Denn es geht um das Leben Deiner Herzenswünsche.

Los geht's!

Übung: Mein idealer Tag

Beschreibe Deinen Traumtag von A – Z. Schreibe dazu viel, beschreibe es ganz exakt und in allen Details. Dein Traumtag beginnt morgens, wenn Du aufwachst. Wo liegst du? Mit wem? Wie sieht der Raum aus? Wie fühlt sich der Boden unter Deinen Füßen an? Was machst Du nach dem Aufstehen? Wie sieht dann die Umgebung aus? Was hast Du für Pläne? Wo gehst Du hin? Mit wem verbringst Du den Tag? Welche Gedanken und Gefühle hinterlässt der Tag am Abend?

Beschreibe Deine idealen Tage, eine Woche lang, jeweils in allen Details. Am ersten Tag beschreibst Du Deinen Tag von A-Z, zum Beispiel Deinen Montag. Beim 2. Tag, also etwa für einen Dienstag, erweiterst Du Deinen idealen Tag. Du gehst noch mehr in die Details, verfeinerst Deine Ideen und baust sie weiter aus.

Du wirst sehen, es fallen Dir jeden Tag weitere Punkte ein. Am 7. Tag solltest Du soweit fertig sein und Deinen Traumtag komplett formuliert haben. Als ich diese Übung das erste Mal machte, hatte ich in kürzester Zeit ganze 15 Seiten Papier voll geschrieben! Das gab mir eine enorme Klarheit, denn mir wurde klar, was das Beste für mich wäre! Dadurch wurden mir auch meine Ziele noch bewusster.

Es lohnt sich wirklich, sich sehr viel Zeit dafür zu nehmen und diese Übung auch in einer Woche durchzuziehen. Wichtig für die beste Wirkung ist, dass man die Übung nicht unterbricht, sondern konsequent volle 7 Tage lang dranbleibt.

Viel Spaß dabei!

Der Umgang mit Widerständen

Der Weg zu den Quellen geht gegen den Strom.
- Fritz von Unruh (1885-1970), dt. Schriftsteller

Einer der Hauptgründe, weshalb Menschen ihre Ziele nicht erreichen, liegt darin, dass Sie den Umgang mit Widerständen nicht gelernt haben und oftmals viel zu schnell aufgeben. Viele träumen von einem selbstbestimmten Leben. Aber nur sehr wenige packen es an und ziehen es auch wirklich durch. Es kommen schnell verschiedene Einwände wie:

- Ich habe kein Geld.
- Ich bin zu jung oder zu alt.
- Ich habe keine zündende Idee.
- Mir fehlt das nötige Wissen.
- Es ist zu riskant, ich könnte zu viel verlieren.
- Ich habe eine Familie und andere Verpflichtungen, deshalb kann ich nicht.
- Ich lebe in den Slums, also bin ich nicht in der Lage, ein eigenes Geschäft zu besitzen.

Zugegeben, es braucht eine große Portion Mut, sein eigenes Leben absolut selbstbestimmt zu leben. Aber genau aus diesem Grund sind wir doch auf diese Welt gekommen, nicht wahr? Um Erfahrungen zu sammeln, unser Leben zu leben, zu tun, was uns Spaß macht und uns zu entwickeln, zu entfalten, um zu wachsen und jeden Tag etwas besser zu werden und voran zu kommen. Das geht nur, wenn man weiß, was man will und auch bereit ist, diesen Weg mit aller Konsequenz zu gehen.

Das heißt natürlich nicht, dass sich alle selbständig machen sollen. Es heißt lediglich, dass man das tun soll, was man WIRKLICH will – egal was es ist. Das ist eine ganz persönliche Entscheidung, denn jeder hat ganz unterschiedliche Vorstellungen davon, was ihn glücklich macht.

Vor kurzem durfte ich auf einer Geburtstagsparty eine spannende Persönlichkeit kennen lernen: Ein Mann Mitte fünfzig, früher erfolgreicher Geschäftsmann. Er hatte ein eigenes Geschäft im Bereich Mergers and Acquisition (Übernahme und Verschmelzung von Firmen). Er jettete in der ganzen Welt umher und fuhr die schnellsten Autos. Er lebte mit seiner Familie ein wahres Luxusleben. Mit fünfzig habe er plötzlich genug gehabt, erzählte er. Das fand ich irgendwie komisch und fragte mehrmals nach. „Gab es nicht einen Grund, weshalb es plötzlich keinen Spaß mehr machte? Eine Krankheit? Burn out? Zu wenige Aufträge? „Nein", erwiderte er nochmals mit Nachdruck. „Es war einfach plötzlich die Luft raus und die Freude war verflogen. Ich merkte auf einmal, dass ich mich in einem Hamsterrad bewegte, hohe Fixkosten hatte und gar nicht das selbstbestimmte und freie Leben führen konnte, wovon ich immer geträumt hatte." Es sei wie eine plötzliche Einsicht gewesen, erzählte er weiter: „Die Zeit war reif für einen neuen Lebensabschnitt. Ich merkte, dass ich bei den Kunden nicht mehr das gleiche leidenschaftliche Feuer wie früher versprühte und mich teilweise sogar fehl am Platz fühlte. In einem Coaching wurde mir so richtig klar, dass ich von einem selbstbestimmten Leben träumte. Heute schreibe ich Bücher, lese und reise viel und habe meine Fixkosten massiv reduziert. Die Kinder sind erwachsen und meine Frau und ich leben heute ein ganz normales, aber wirklich selbstbestimmtes Leben. Und weißt Du was?" sagte er, „wir sind sehr glücklich. Ich fahre heute keinen Porsche mehr, aber wir leben super gut und sind total glücklich! Wir reisen viel und die Hektik von früher ist verschwunden."

Zugegeben, sagte er mit einem Lächeln, einige seiner ehemaligen Studienkollegen und Geschäftspartner verstünden das nicht. Einige hätten sich zurückgezogen oder teilweise sogar ganz abgewendet. Andere hingegen fänden es mutig und genial zugleich. Aber heute sagt er sich: „Man kann es nicht allen recht machen und mittlerweile ist es mir echt egal, was andere denken. Schlussendlich geht es doch nur darum, dass wir glücklich sind, mehr nicht! Es ist schön, einen Porsche zu fahren, aber wirklich glücklicher hat es mich nicht gemacht. Viel mehr wert ist mir heute meine finanzielle und persönliche Freiheit."

Dies ist eine Geschichte, die mich bewegt. Denn auch so ein Schritt, zurück zum einfachen Leben, braucht echten Mut. Aber es geht darum, glücklich zu sein. Und das entsteht nicht, indem man den Vorstellungen anderer Leute folgt, sondern indem man sein eigenes Ding macht, selbst wenn die anderen Leute im gewohnten eigenen Umfeld mit Widerstand darauf reagieren. Es gibt unzählige mögliche Widerstände, wenn ein Mensch auf ein bestimmtes Ergebnis zusteuert. Aber die Widerstände dürfen nicht Steuermann unserer Lebensführung sein! Widerstände sind nur Wegmarkierungen im Leben, an denen wir erkennen, ob und wie wir uns selbst treu sind.

Die gängigsten Einwände sollte man kennen, damit man sich schon vorab darauf einstellen und entsprechend neue Gedanken dazu machen kann, die besser zum Ziel führen als alte, gewohnte Gedanken es tun würden.

„Ich habe doch kein Geld"

Stell Dir vor, Du möchtest ein großes Ziel erreichen, wie etwa ein eigenes Hotel mit 40 Betten zu führen. Der erste Gedanke dazu ist bei vielen Menschen: Das kann ich mir nie leisten!
Aber: Das Geld ist selten das Hauptproblem. Es kann gut sein, dass das Geld im Moment noch fehlt. Geld kann aber sehr rasch beschafft werden, wenn man lernt, wie man anderen Menschen konkreten Nutzen, Werte oder Dienste liefert. Ein Mensch, der entschlossen ist und genau weiß, wohin er möchte, bekommt das Geld von irgendwo her, wenn er zeigt, wie er Mehrwert in die Welt bringt. Als ich mich selbständig machte, wusste ich anfangs auch nicht, wo ich das Geld hernehmen sollte. Aber je mehr ich mich mit der ganzen Selbständigkeit befasste, desto mehr ergaben sich neue Möglichkeiten. Am wichtigsten ist die Frage: Was will ich wirklich? Der Rest kommt dann auf Dauer von alleine. Auch das Geld, da kannst Du Dir sicher sein.

„Ich bin doch viel zu jung oder viel zu alt"

Das Alter ist sehr relativ und oft nicht relevant. Kennen Sie die Geschichte von Mc Donalds Gründer Ray Kroc? Er hat mit 59 Jahren Mc Donalds gegründet. Auch hier ging es um die einzig wichtige Frage: Was will ich wirklich? Menschen, die ihr Ding machen, haben immer mehr Energie als andere und bleiben jung. Man merkt es ihnen an: Sie sind interessiert, flexibel und setzen sich ein. In meiner Firma haben wir vor vier Jahren einen 65-jährigen ehemaligen Personalchef eingestellt. Auch ich war oft der Meinung, dass dies eher schwierig und der Altersunterschied zu groß sei. Er ist jedoch jung geblieben, macht immer noch viel Sport, ist offen und flexibel. Wir haben in der Zwischenzeit zwei neue IT-Programme eingeführt. Auch dies war für ihn nicht einfach. Aber er hat sich ohne zu murren das nötige neue Wissen angeeignet und arbeitet heute auf einem sehr guten Level. Er hat nicht resigniert und gesagt: „Das geht nicht, ich bin zu alt." Das Alter ist relativ! Man ist immer so alt, wie man sich fühlt. Ich behaupte, wenn man in sich die Lust verspürt, etwas Neues zu machen und wirklich Freude daran hat, dann ist das Alter nicht relevant. Genau so ist das bei jungen Menschen. Es gibt Sportler, Sänger, Künstler, die schon lange vor der Volljährigkeit höchst professionelle Ergebnisse erzielen, und auch im Business gab und gibt es immer wieder junge Unternehmer/innen, die faszinierende Ideen in Geld verwandeln und einen riesigen Spaß dabei haben.

„Ich habe keine zündende Idee"

Ein Klassiker! Braucht es wirklich DIE zündende Idee? Zugegeben: Hat man DIE zündende Idee, bei der man sofort Feuer und Flamme ist, dann hilft das umso besser, eine neue Karriere aufzubauen. Am besten vielleicht noch eine Neuheit, und das Geschäft geht rasch durch die Decke. Aber selbst in alten, schon lange bestehenden Märkten kann man seine Ideen verwirklichen! Als ich selbst meinen eigenen Businessplan für mein Geschäft erstellte, bevor ich selbständig wurde, habe ich die Konkurrenzanalyse komplett weggelassen. Weshalb? Weil ich von vornherein wusste, dass an jeder Ecke in Zürich die Konkurrenz lauert. Damals gab es etwa 450 Personalberatungsfirmen in Zürich. Allein aufgrund dieser Tatsache hätte ich schon sagen können: „Forget it! Du hast keine Chance!" Trotzdem wusste ich, dass ich es schaffen könnte. Weshalb? Weil es einfach mein Ding ist und mir die Personalberatung so unheimlich viel Freude bereitet. Zudem gibt es viele Beratungen, die es auf das schnelle Geld abgesehen haben und dabei die Qualität und Nachhaltigkeit auf der Strecke lassen. Aber es gibt viele Nischen, und ich wollte unbedingt meine Nische finden und es richtig gut machen!

„Ich habe das Wissen nicht"

Welches Wissen ist da gemeint? Ist da indirekt ein Hochschulabschluss gemeint? Ein Buchhalterdiplom? Ein BWL-Abschluss? In der heutigen Zeit kann man sich sehr rasch viel Wissen aus dem Internet und aus Büchern aneignen. Auch kann man Menschen fragen, die den gewünschten Weg bereits erfolgreich gegangen sind. Jeder muss lernen, selbständig zu sein und selbst dafür zu sorgen, dass man sein Ding machen kann. Niemand wird als erfolgreicher Unternehmer geboren. Das ist immer ein langer, aber auch sehr spannender Weg, der nie aufhört. In meinen Augen ist der Weg des Unternehmers einer der spannendsten, den es überhaupt gibt. Am Anfang braucht es viel Fachkompetenz und in dieser ersten Phase ist man eher der Freiberufler als der Unternehmer. Dann aber, wenn man erfolgreich arbeitet, werden Mitarbeiter eingestellt und es wird Führungskompetenz gefordert. Dann kommen neue Prozesse hinzu, die Finanzen, das Budget und auch der Verkauf und die kommunikativen Fähigkeiten müssen laufend verbessert werden. Es folgt der Schritt zum richtigen Unternehmer: Man zieht sich mehr und mehr aus dem operativen Tagesgeschäft zurück und arbeitet nicht mehr im Unternehmen, sondern am Unternehmen und hilft anderen Menschen, einen super Job zu machen. Auf diesem langen Weg MUSS der Unternehmer seine Persönlichkeit ständig weiterentwickeln und permanent sein Wissen ausbauen, wenn er erfolgreich sein will.

Tipp von Raho: *Das Gleiche gilt auch für jeden Angestellten! Denn alles im Leben wird sich immer weiter entwickeln. Immer neues Wissen wird entwickelt und immer mehr Menschen merken: Wer im Arbeitsleben steht, muss sich immer wieder anderes Wissen aneignen. Wenn Du täglich einen kleinen Schritt in die Richtung lernst, in der Du selbst am meisten*

Freude und Energie verspürst, wirst Du über viele Wochen und Monate garantiert zu einem Experten. Achte zugleich darauf, auch Wissen zur Frage des Geldverdienens in diesem Bereich anzusammeln, so wirst Du schon nach wenigen Wochen erkennen, wie Du selbst Dein erstes Geld damit verdienst, was Du am allerliebsten tust. Es formt und schärft den menschlichen Geist, wenn Du Dich einfach ständig damit befasst und lernst, was Du lernen musst, um erfolgreich zu sein. Die Regeln sind immer dieselben – aber jeder muss sie sich selbst aneignen. Also lerne etwas in dem Bereich, den Du von Natur aus liebst!

„Das ist zu riskant"

Falls dies Dein größter Einwand ist, der Dich davon abhält, Dein Ding zu machen, dann überlege Dir doch einmal, was das Schlimmste ist, was Dir bei diesem Projekt passieren könnte. Wirklich das Allerschlimmste. Bringt es Dich um? Kann es sein, dass Du verhungerst? Überlege Dir auf der anderen Seite, was Du alles verlieren kannst, wenn Du Deinen großen Traum nicht lebst. Stelle Dir Dich selbst mit 90 Jahren vor. Gemütlich im Schaukelstuhl hin und her schaukelnd. Würdest Du es bereuen, es nie gewagt zu haben? Falls das eindeutig so ist, warte nicht länger und wage die ersten Schritte. Es kann natürlich passieren, dass Du auf halbem Weg merkst, dass die jetzt neu eingeschlagene Route vielleicht trotzdem nicht so ganz Dein Ding ist. Aber auch das ist nur halb so wild, wie es Dir die Angst vielleicht einreden will. Denn dann weißt Du mehr als vorher. Du lernst ja weiter! Du brauchst dir keine Vorwürfe zu machen. Vielmehr solltest Du daraus lernen, wie Du einen neuen, noch besseren Plan machen kannst. Du kannst deinen Kurs im Leben nochmals neu definieren und erneut festlegen, wo es hingeht und worauf es ankommt. Manchmal kannst Du erst aufgrund der neuen Erfahrung einen neuen Schritt machen. Also bleibe am Ball und suche dann erneut nach mehr Freude, Kraft und Energie beim Arbeiten.

„Ich kann wegen meiner Familie und meiner anderen Verpflichtungen nicht einfach tun, was ich will."

Klar: Wenn Du eine Familie hast, dann trägst Du Verantwortung und das Ganze muss vorsichtiger angegangen werden. Wichtig ist, dass man die ganze Familie mit ins Boot holt. Aber in erster Linie musst Du Dir klar darüber sein, was Du wirklich möchtest. Ein Bewerber von mir war in solch einer Situation. Ein junger Ingenieur, Mitte dreißig, war nie wirklich zufrieden in seinem Job. Er hatte auch das Gefühl, das falsche Studium absolviert zu haben und er war frustriert. Nach einer gründlichen Standortbestimmung kam heraus, dass er sehr gerne mit Menschen arbeitete und ihn die Sparte Coaching und Berufsberatung sehr reizte. Aber wie sollte denn das gehen, schließlich hatte er zwei kleine Kinder? Er konnte sich doch nicht umschulen lassen. Denn die Ausbildung kostete sehr viel Geld und eine Reduktion des Arbeitspensums war undenkbar. Er konnte mehrere Gründe nennen, weshalb es nicht ging.

„Alles ist möglich", entgegnete ihm sein Coach, „die Frage ist nur wie". In den weiteren Sitzungen überlegten sie sich, wie es trotzdem gehen könnte und plötzlich war da wieder etwas Licht am Ende des Tunnels. Jetzt ging es darum, seine Frau sowie seinen Arbeitgeber einzuweihen. Und siehe da: Was am Anfang aussichtslos erschien, war plötzlich möglich. Seine Frau merkte, dass ihm das enorm wichtig war. Als er ihr von seinen neuen Plänen erzählte, funkelten seine Augen vor Freude. Auch sein Arbeitgeber willigte in eine Reduktion des Arbeitspensums und des Lohns auf 60% ein. Es ergaben sich viele kleine Schritte auf dem Weg ins Licht am Ende des Tunnels. Die Wirklichkeit formte sich gemäß der Kraft hinter den leuchtenden Augen.

Wenn ein Mensch weiß, in welche Richtung er gehen will, dann gehen plötzlich Türen auf. Klar, es geht oft nicht ohne Kompromisse und alles hat seinen Preis. Aber der junge Ingenieur konnte seine Ausbildung absolvieren, verdiente während dieser Zeit weniger und die Familie konnte sich keine Ferien im Ausland leisten. Aber er machte das, was er wirklich wollte, war zufrieden und motiviert und das kam der ganzen Familie zugute. So wurde auch hier alles möglich.

Das Leben ist perfekt, weil es für Millionen und Milliarden Menschen funktioniert. Man muss allerdings immer wieder etwas dazu lernen. Und dazu sollte und muss man auch immer wieder andere Menschen fragen und sich Hilfe geben lassen. Wenn es um wegweisende Entscheidungen geht, ist es ratsam, die Meinung von anderen einzuholen. Wähle ganz bewusst positive und erfahrene Menschen. Am besten

Menschen, die bereits an diesem Punkt im Leben stehen, wo Du hin willst. Frage auf keinen Fall Menschen, die selber das Leben nicht im Griff haben, aber allen Ratschläge erteilen möchten. Meide solche Leute unbedingt und frage sie nie um Rat. Und wenn sie Dir dennoch etwas einreden wollen, ziehe Dich zurück und entferne Dich von ihnen. Ganz anders ist das, wenn Du mit positiven und kompetenten Menschen zusammen bist und Du einfach auf der gleichen Welle mit ihnen schwingst. Diese Menschen geben einem Kraft und die Themen des Miteinanders sind positiv und aufbauend. In solch einem Umfeld kann man viel besser Pläne schmieden, spannende Erlebnisse, Ideen, Impulse und viele gute neue Erkenntnisse haben. Also vermeide Menschen, die Dich runterziehen können, die immer nur über Probleme sprechen, über andere lästern und meistens nur jammern. Solche Menschen wirken wie Energievampire. Sie saugen Deine Aufmerksamkeit für sich auf und bringen Dich nicht weiter zur Verwirklichung Deiner Träume. Meide solche Menschen wo es nur geht oder reduziere den Kontakt auf ein Minimum.

Zu Beginn meiner Selbständigkeit traf ich einen Finanz- und Vorsorgeberater. Eine Kollegin hatte ihn mir empfohlen und er erklärte mir die Vor- und Nachteile von Lebensversicherungen – also eigentlich nur die Vorteile. Er war ein großer Schwätzer und ich war froh, als er nach 20 Minuten das Haus wieder verließ. Später erfuhr ich, dass er selbst in Geldschwierigkeiten steckte. Ein Finanz- und Vorsorgeberater, der den Leuten erklärt, wie es gehen soll, und der ist selbst in Geldschwierigkeiten? Also aufgepasst, bei wem man sich Ratschläge holt. Frage diejenigen, die es bereits geschafft haben. Schon in der Bibel steht geschrieben: „An ihren Früchten werdet ihr sie erkennen".

Tipp von Raho: *Da wo die Menschen etwas bewegen, wo sie Werte in die Welt bringen und offensichtlich Freude entsteht, da findet man die besten Hinweise und Impulse, die einen Suchenden zum Findenden werden lassen. In der Bibel steht ebenfalls geschrieben: „Wer sucht, der findet". Suche Menschen, die gute Laune und starke handfeste Ergebnisse in dem Bereich generieren, in dem Dein Ding liegt. Biete Deine Zeit an, eine Hilfestellung und suche die Chance nach möglichen Wegen der Zusammenarbeit, um in Kontakt mit solchen Menschen zu kommen, und liefere das, was diese positiven, ergebnisorientierten Menschen wollen. Dann kannst Du künftig mehr Zeit in so einem positiven Umfeld haben und wirst durch konstruktiven Einsatz und Beiträge für den Erfolg dieser Menschen natürlich auch zunehmend mehr Aufmerksamkeit bekommen und schneller von ihnen lernen.*

Herausforderungen meistern

„Nicht der Wind, sondern die Segel bestimmen den Kurs."
– Diogenes (391 – 323 v. Chr.)

Wenn Du an Deine bisherigen Jahre zurückdenkst: In welcher Phase bist Du als Mensch besonders gewachsen? War es eher eine leichte oder eine schwere Zeit? Wann hast Du das letzte Mal eine Situation erlebt, wo Du so richtig an Deine Grenzen gestoßen bist? Körperlich, emotional oder mental?

Persönlich besonders prägende Lernprozesse finden oft an Grenzen statt. Wenn es uns gut geht und alles rund läuft, verändern wir uns nicht sonderlich. Eine erfolgreiche Meisterung von Herausforderungen aber macht uns kompetenter, stärker und selbstbewusster. Der beste Weg sein Selbstbewusstsein auszubauen, zeigt sich immer dann, wenn man in der Lage ist, sich selber aus einer misslichen Situation zu befreien und sich mit eigener Kraft aus dem Sumpf zu ziehen. Deshalb ist es ja gerade auch bei der Kindererziehung so wichtig, dass die Kinder lernen, sich selbst zu helfen und nicht alle Hindernisse von den Eltern aus dem Weg geräumt werden.

Wer die vertrauten Gewässer verlässt und seinen Träumen und Visionen folgt, der kann viel gewinnen. Man geht zwar auch ein Risiko ein, auf dem neuen Terrain den falschen Kurs einzuschlagen oder von anderen nur Unverständnis und Kritik zu ernten. Es kann ja auch tatsächlich so sein, dass man die eigenen Fähigkeiten überschätzt oder dass neue Situationen auch unerwartete zusätzliche Hindernisse mit sich bringen.

Tipp von Raho: *Wer auf dem Weg zur Verwirklichung seiner Träume lernt, seine Probleme ganz genau anzuschauen und nicht wegzusehen, der wird auch Wege drumherum oder darüber hinweg oder mitten hindurch finden. Der wächst und wird ungleich stärker als andere, die sich lieber in vertrauten Gewässern aufhalten und mit deutlich weniger Wachstum leben. Es gibt da kein „besser oder schlechter" im Allgemeinen. Aber wer sich den Problemen stellt, die sich ihm zeigen, wird immer ein wenig mehr Weisheit und sehr viel mehr Erfahrung gewinnen. Wer sein eigenes Leben ausleben will, sollte sich den Grund ansehen, wenn etwas nicht voran geht. Nur dann kann man „sein eigenes Ding" machen.*

Man kann sich das Leben wie ein Gebiet mit verschiedenen Zonen vorstellen, die vom Innersten des Menschen bis in die äußersten Regionen des Wohlbefindens reichen. Ganz im Zentrum ist die Komfortzone. Da fühlt man sich sicher, geborgen, alles ist vertraut, es ist gemütlich - aber auf Dauer vielleicht auch etwas langweilig. Außerhalb dieser Zone, da ist es interessant und da findet die Entwicklung statt. Und wer sich weiter aus dem Fenster lehnt, um mehr zu sehen, um über den eigenen Tellerrand hinaus zu kommen, der erkennt: Da gibt es Abwechslung, Abenteuer, Überraschungen und oft erzielt man dort die besten Leistungen, zu denen man fähig ist.

Auch unser Umfeld hat einen großen Einfluss auf uns. Das kann auf der einen Seite sehr positiv sein. Viele positive Inputs oder ein Lob zur richtigen Zeit von einem Lehrer, einem Trainer oder den Eltern können Wunder wirken.

Natürlich kann auch das Gegenteil der Fall sein. Ein negatives Umfeld kann einen Menschen einschränken, verunsichern und jegliches Wachstum und jegliche Entwicklung verhindern. Je nach Persönlichkeitstyp können die Begrenzungen erst recht Antrieb dazu geben, diese durchbrechen zu wollen und sich von diesen zu befreien. Bei anderen Menschen können die gleichen Begrenzungen dazu führen, dass sie sich ihnen lieber unterwerfen und sich damit arrangieren. Jeder Mensch hat in gewissen Situationen des Lebens Einschränkungen erlebt. Ein erstaunliches Phänomen ist allerdings, dass manche Leute auch dann noch nicht erfolgreich auf ein neues Ziel zusteuern, wenn deren bisherige Einschränkung weggefallen ist. Sie bleiben auch dann in ihrer Begrenzung, wenn sie die Möglichkeit hätten, sich ohne jede Begrenzung frei zu entfalten.

Tipp von Raho: *Obwohl jedem Menschen Wachstum und Veränderungen möglich sind, starten die meisten trotzdem nicht, zumindest nicht aktiv. Das hat einen ganz einfachen Grund. Veränderung führen ins Ungewisse. Und das fürchtet man. Also muss man sich ganz klar und bewusst machen, wo man die stärkste Motivation hat (denke an deine Werte!), damit man selbst nicht gefangen bleibt. Wo früher Türen verschlossen waren, könnten sie heute weit offen stehen. Wer einen Neu-*

start will, sollte sich also innerlich frei machen und lernen, wie das geht. Die Alternative ist, sich von seinen eigenen Gedanken und Gewohnheiten abhalten zu lassen, ohne die möglichen Freiräume im Leben zu nutzen. Das wäre doch fatal! Denn draußen in der Welt, die du noch nicht kennst, gibt es unendlich viele Chancen und immer mehr und neuere Möglichkeiten!

Kennst Du das Phänomen, das die Elefanten im Zoo oder im Zirkus mit nur einem winzigen Holzpflock an einer dünnen Schnur gefesselt hält? Es wäre für jeden dieser Elefanten kinderleicht, den kleinen Pflock aus der Verankerung zu reißen oder die Schnur zu zerreißen und einfach wegzulaufen. Warum tun die Elefanten das nicht? Ganz einfach: Elefantenbabies werden früh an Stahlketten gefesselt. Als kleiner Elefant haben sie keine Chance, sich aus eigener Kraft von einer Eisenkette loszureißen. So sehr ein Elefantenbaby es auch versucht, es gelingt nicht. Je öfter es nun erfolglos versucht loszukommen, desto mehr tut es weh und so wächst die Überzeugung, dass es tatsächlich unmöglich ist. Also gibt das Tier die ganze Idee, sich losreißen zu können, nach einiger Zeit vollkommen auf - für immer! Das Tier hat über Stunden und Tage, über Wochen und Monate gelernt, dass sich dieser Holzpflock nie lösen wird. Während der Elefant älter wird und die Kraft hätte, sich loszureißen, versucht er es schon längst nicht mehr. Das gute Gedächtnis und die Erfahrung des Elefanten werden ihm zum Verhängnis, so dass er keine Freiheit mehr erleben kann.

Diese erlernte Hilflosigkeit kennen auch wir Menschen. Wir

befinden uns teilweise in einer Sackgasse und haben das Gefühl, es gibt keinen Weg heraus: „Ich kann das nicht. Ich schaffe das einfach nicht."

Aber anders als Tiere haben wir die Möglichkeit, uns über die Ursachen so einer illusionären Begrenzung bewusst zu werden! Wir können Probleme untersuchen und hinschauen - und sie auch überwinden. Wir suchen das Licht am Ende eines Tunnels und finden dabei Hoffnung und neue Stärken. Wir suchen und finden eine Chance. Denn zu allen Zeiten hat sich irgendwann alles geändert. Also ändert sich wahrscheinlich auch etwas in der Welt, in der du dich vielleicht gefesselt fühlst.

Tipp von Raho: *Man sollte sich immer wieder bewusst machen, dass jeder von uns etwas schaffen kann, was ein anderer Mensch auch schon geschafft hat. Also sage Dir bei dem, wo Deine größte Liebe und Leidenschaft ist, immer wieder neu: Ich schaffe es! Irgendwann!*
Wenn man nicht aufgibt und immer dran bleibt, wenn man hofft und träumt und das real Machbare ansteuert und immer weiter wächst, wenn man sein ganzes Leben lang am Ball bleibt, wenn man niemals aufgibt und immer sein wichtigstes Ziel verfolgt, von dem man innerlich zutiefst berührt oder angezogen ist, dann wird man am Ende siegen.

Wer wie Mahatma Gandhi oder Nelson Mandela jahrzehntelang für ein Ziel lebt, das aus eigener Sicht wert ist, mit ganzem Herzen verfolgt zu werden, kann seine Träume trotz vieler großer Probleme wie viele andere Menschen auch erreichen. Du brauchst Dir nur hin und wieder klar machen, für welche Idee Du Dich selbst immer wieder engagieren kannst. Wofür Du Dich erheben und immer wieder aufstehen kannst. Frage Dich: Was ist MEIN DING, mein großer Lebenstraum?

Welche Art von Überzeugungen trägst Du in Dir herum? Was hält Dich von Deinen großen Träumen zurück? Welche scheinbar unüberwindbaren Pflöcke gibt es in Deinem Leben, die Dich hindern, das zu tun, was Du eigentlich tun willst?

Es lohnt sich, sich über diese unüberwindbaren Hürden Gedanken zu machen und die Perspektive zu ändern. Ob in der Wissenschaft, im Sport – immer wieder wurden bisherige Grenzen in Frage gestellt und schließlich überwunden. Ein Paradebeispiel für mentale Grenzen war der Mythos, es sei für einen Menschen unmöglich die Meile unter 4 Minuten zu laufen. Während vieler Jahrzehnte lang wurde weltweit versucht, diese Zeit zu unterbieten. Doch bis in die erste Hälfte des 20. Jahrhunderts gelang es niemandem. In Fachkreisen wurde sogar behauptet, dass dieses Ziel außerhalb des menschlichen Leistungspotenzials liege. Erst 1954 war es soweit. Der 25-jährige Läufer Roger Bannister setzte sich zum Ziel, als erster die Meile unter 4 Minuten zu laufen – und er knackte in Oxford mit 3:59,4 min diese scheinbar unüberwindbare Grenze. Ein neuer Weltrekord. Kaum hatte er es geschafft, war der Bann auch für andere gebrochen. Innerhalb von nur zwei Jahren nach Bannisters Rekord unterboten weitere 32 Athleten die Vier-Minuten-Meile!

Kennst Du den Film „The Secret"? Über Sinn und Wirksamkeit der in Buch und Film dieses Titels vorgetragenen Gesetzmäßigkeiten für menschliche Erfolge gehen die Meinungen tatsächlich weit auseinander. In diesem Weltbestseller wird gesagt, dass man alles erreicht, auf das man sich innerlich ausrichtet, weil man es dann unweigerlich als Realität in sein Leben zieht. Man kann sehr skeptisch bei diesem Thema sein. Ist es so einfach? Kann man einfach mal so Wünsche ins Universum senden und diese erfüllen sich dann? Einfach so? Oder braucht es mehr dazu?

Tipp von Raho: *Die zugrundeliegende Idee in „The Secret", die Gesetzmäßigkeit des Erfolgs durch den Gebrauch des „Gesetzes der Anziehung", kannst Du für Dich überprüfen. Stell Dir vor, dass in Bezug auf Deine Ziele etwas sehr Gutes passiert, was bisher nicht da war. Das „Gesetz der Anziehung" besagt, dass sich die Realität dahingehend verändert, wie man in seiner eigenen innersten Welt denkt. Man müsse sich innerlich nur absolut darauf einlassen und 100% darauf ausrichten und glauben, dass die angesteuerte erwünschte Realität sich tatsächlich als Realität ereignet.*

Damit eine neue Tatsache im Zusammenhang mit Deinen Zielen entsteht, nimmst Du Dir also vor, Dich seelisch-geistig 100% darauf einzustellen, dass sich etwas sehr Gutes ergibt, was Deine Zielrealität zur Wirklichkeit machen kann. Für dieses Experiment solltest Du Dich innerlich absolut zweifelsfrei einstellen und absichtlich total vertrauensvoll sein. Sonst wirkst Du selbst gegen Dein Ziel. Suche Dir also für den Test etwas aus, das als Ziel leicht und schnell erreichbar ist, was aber derzeit noch nicht selbstverständlich vorhanden ist. Etwas, das nicht sowieso passiert, wo Du Dir aber eine Änderung vorstellen kannst.

Wähle etwas, wo eher NICHTS passiert, wenn Du NICHTS tust. Konzentriere Dich aber dann auf ein ERGEBNIS, also auf die Wirkung, die Du als Ziel erreichen willst, und male es Dir in Deiner geistigen Vorstellung absolut glaubhaft aus. Es geht nicht (!) um einen konkreten Weg, um eine konkrete Sache! Es geht um ein Ergebnis, das Dich näher zu deinem Ziel bringt. Sobald Du Dir vorstellen kannst, dass etwas Entscheidendes in dieser Angelegenheit tatsächlich auch passieren könnte, lässt Du die Idee los. Du lässt den ganzen Gedanken fallen und lenkst Deine geistige Aufmerksamkeit auf Vertrauen. Nimm eine Art Gottvertrauen an. Das ermöglicht Dir vom Verstand her, nicht mehr rational zu denken sondern innerlich darauf zu bauen und zu vertrauen, dass irgendetwas in dieser Richtung passiert. Teste es selbst: Je stärker Du Dein Selbst-Vertrauen wachsen lässt, indem du mehr Aufmerksamkeit darauf lenkst, wie man das macht, umso schneller passiert etwas in dem Bereich. Das wird Dir helfen, selbst bewusst ein besseres Ergebnis in deiner Angelegenheit zu verursachen.

Warte aber nicht (nur) auf ein Wunder, sondern tue alles Machbare, was Du tun kannst, damit etwas in dieser Richtung passiert. Verstärke den Prozess und den Glauben daran, Dein Vertrauen auf die Veränderungen, die möglich sind. Achte auf kleine Hinweise am Rande der Blickwinkel in Deine reale Welt, wie etwa Deine nächtlichen Träume, spontane Tagträume oder *plötzliche Ideen, interessante neue Nachrichten und Bilder oder Gefühle, die Dich inspirieren. So kannst Du leichter erkennen, was Du selbst tun kannst, um die Zielvorstellung schneller und leichter zu ermöglichen. Fange an umzusetzen, was Dir dabei an neuen Ideen in den Sinn kommt, um das Eintreffen der Ergebnisrealität zu fördern. Laut „The Secret" treten manche erstaunliche Veränderungen von alleine auf.*

Du musst an keine Idee glauben, wie an einen Gott, um die Idee zu nutzen. Besser ist, sie selbst zu testen. Das geht bei dieser Idee nur, wenn Du Dich ganz darauf einlassen kannst. Aber wenn Du diese Art von Erfahrung mit dem Erfolgsgesetz der Anziehung von Dingen durch inneres Vertrauen tatsächlich machen würdest, könntest Du die erstaunlichen Wirkungen bemerken, die tatsächlich so faszinierend sind, dass 19 Millionen Menschen dieses Buch gekauft haben...

Teste diese Kurzanleitung und schreibe uns gerne eine Email, was Du dabei für Dich herausgefunden hast:
info@bornhorst.de
– Wir sind gespannt auf jeden Erfahrungsbericht!

Dem Leben vertrauen!

Das Leben ist unbestritten ein Wunder. Je mehr wir uns bewusst werden, was alles um uns herum passiert, desto mehr gerät man ins Staunen. Da kann es sehr gut vorkommen, dass einen in gewissen Situationen plötzlich ein tiefes Gefühl von Dankbarkeit und Ehrfurcht dem Leben gegenüber überkommt. Zum Beispiel unser Körper. Er ist auf Selbstheilung programmiert. Jeden Tag werden automatisch viele Millionen neuer Zellen produziert und Krankheiten bekämpft. Das Herz schlägt, die Lunge atmet, die Verdauung läuft – alles ohne dass wir etwas dafür tun müssen. Oder betrachten wir Schwangerschaft und Geburt: Was da alles geschieht ist doch ein Wunder! Alles passt perfekt zusammen. Wieso sollten wir dem Leben, welches dies weltweit in jeder Sekunde passieren lässt, nicht unser Vertrauen schenken?

Überall in der Natur, aus jeder Ritze im Beton, aus jedem staubigen Stück Erde sprießen Blumen, unbekümmert darüber wie die Umgebung aussieht. Das Leben strömt permanent und aus jeder kleinsten Lücke, die dafür zur Verfügung steht. Hemmungslos verwirklicht die Natur ihre Baupläne. Die Natur ist voll von Überfluss. Milliarden Blüten sprießen in jedem Frühling und Milliarden Früchte und Gemüse wachsen daraus – jeden Augenblick. Es gibt Regen im Überfluss, Sonnenschein im Überfluss, und alles, was ein Mensch zum Leben braucht, ist überreich vorhanden! Großzügigkeit ist das Maß des Lebens auf diesem Planeten. Nur die menschliche Gier macht Engpässe stärker bewusst.

Wir haben die ganze Zeit Angst, zu wenig zu bekommen. Wir denken immer, es sei knapp und wir hätten nicht genug. Das stimmt aber nicht. Das ist einer der größten Irrtümer der Menschheit. In der Natur gibt es jede Menge Überfluss, Wachstum und Fülle. Es gibt nur saisonale Schwankungen je nach Jahreszeit. Die Abwesenheit von Sonne ist nur zeitweise ein Fakt. Die Sonne scheint, sogar jede Nacht! Nur eben nicht an jeder Stelle, sondern mit Schwankungen. Aber wenn man das weiß, kann man darauf aufbauen und sich darauf einrichten! Deshalb ist das Beste, eine ebenso großzügige innere Haltung aufzubauen und zu kultivieren, wie es in der Natur vorgesehen ist. Sei großzügig mit Dir und anderen. Die Natur ist so. Wenn Du Dich auf die Natur zurück besinnst und Dich innerlich so einstellst, wie die Natur ist, dann lernst Du dem Leben zu vertrauen, lernst es so zu erkennen, wie es wirklich ist – und kannst viel besser damit umgehen, wie es ist.

Tipp von Raho: *Wenn Du intensiv lernst und kultivierst, Dich seelisch-geistig auf die Fülle des Lebens auf der Erde zu konzentrieren und damit im Einklang zu sein, so füllt sich Dein Unterbewusstsein mit dieser Haltung und lenkt irgendwann alles in Deinem Leben per Autopilot zu dieser Fülle im Leben. Die natürliche Entwicklung auf der Erde ist von Befruchtung, Wachstum und Reife, von Blüte und Reifezeiten geprägt. Wundere Dich nicht über kalte Winter und dunkle Nächte, sondern bereite Dich darauf vor!*

Durch hunderte Generationen hindurch gab es immer wieder Streit, Krieg, Hunger und Not. Aber wir Menschen haben uns weiterentwickelt. Wo kein Krieg sondern Frieden und Liebe herrschen, da wirken die geistigen Gesetze des menschlichen Bewusstseins im Einklang mit den Naturgesetzen der Erde. Alles auf der Erde ist im Überfluss vorhanden, solange wir es nicht zerstören. So ist das auch im Geist. Der menschliche Geist ist schier endlos in seinen Möglichkeiten und Reserven. Lässt Du Dich darauf ein, dass Du in dieser Fülle lebst, erkennst Du den Reichtum dieses Planeten, und dass Du nur einen unbedeutenden Bruchteil der Ressourcen des Fleckchens Erde brauchst, auf dem Du lebst, um glücklich und erfüllt zu sein, dann gibt es niemals Mangel. Angst und Sorge, dass etwas zu knapp sein könnte, kannst Du durch Vorsorge überwinden.

Diese sehr entscheidende Einsicht, dass es unendlich viel und genug für alle gibt, um glücklich zu sein, ist der Anfang eines neuen Bewusstseins heutiger Menschen. Indem jeder für sich selbst zu sorgen lernt, indem man sein Ding macht und damit einen wertvollen Beitrag in die Welt der Menschen trägt, kann man lernen und dazu beitragen, dass alle anderen Menschen ebenfalls glücklich werden. Die Umsetzung eines persönlichen Traums vom Glücklichsein durch Ausrichtung auf den Mehrwert und Nutzen anderer Menschen wirkt von der geistigen Haltung auf die Gedanken, von den Gedanken auf die Gefühle. Gefühle von Fülle und Erfüllung als Triebfeder und Motor für Aktivitäten produzieren neue Fakten. So wächst das Vertrauen, das wir in die Natur der Erde und die Natur unseres Geistes setzen. Ergebnis: Wer darauf zielt, anderen Menschen durch

Arbeit und Leistung sehr „viel" zu dienen, kann auch lernen, sehr viel besser und leichter Geld zu verdienen.

Solange Du ängstlich auf Dein Hab und Gut schaust und Angst hast, jemand könnte Dir etwas wegnehmen, solange hast Du nicht begriffen, wie die Natur und die Naturgesetze funktionieren. Darüber liest man auch in der Bibel. Selbst wenn man die Bibel nicht liest, so kennen doch viele den Spruch über die Vögel: Sie säen nicht, sie ernten nicht, doch der himmlische Vater versorgt sie doch. Indem wir dem Leben und dieser Kraft, die uns umgibt, zutiefst vertrauen, lernen wir zu erkennen, wie wir uns in dieser Welt, die uns umgibt, tatsächlich gut zurecht finden können. Die Realität bleibt objektiv weitgehend immer gleich. Verändern wir die eigene Sicht auf die Realität, verändern wir unser subjektives Erlebnis. So zeigt sich uns die Welt anders als vorher. So können wir die Realität sehr viel leichter erkennen und im besten Sinne für uns nutzen.

Wir können und sollten dem Leben also vertrauen. Es ist sogar extrem wichtig und entscheidend, dass wir dem Leben vertrauen, wenn wir erfolgreich sein wollen. Es nicht zu tun, lähmt und behindert jeden Schritt. Ohne Vertrauen wagen wir es nicht, uns zu freuen, weil wir befürchten, dass uns das Leben austrickst und uns am Höhepunkt der Freude höhnisch wieder alles wegnimmt. Ohne Vertrauen wagen wir es nicht zu lieben, aus Angst vor dem Schmerz des Verlustes. Also gehen wir als Erwachsene schon mit Vorsicht in jede Beziehung, mit einer Angst, weil wir den Schmerz eines Verlustes vielleicht schon emotional vorwegnehmen. Aber wenn wir dem Leben wirklich vertrauen lernen, so wie es angemessen wäre, gewinnen wir ein immer weiter wachsendes Selbstvertrauen.

Tipp von Raho: *Schau Dir erneut das „Geheimnis" an, das im Film und Buch „The Secret" bewusst gemacht wird. Das Gesetz der Anziehung wirkt ja. Aber es reicht nicht, sich nur auf Erfolg einzustellen und zu denken, jeder Erfolg käme von alleine. Nein! Man muss auch etwas tun. Aber: Vertraue Dir selbst, dann wächst Dein Selbstvertrauen! Das Leben des Menschen an sich, die Dominanz der menschlichen Rasse auf der Erde, ist der Beweis, dass die Kraft, die uns durchströmt, uns unterstützt und weiter führt als unser Verstand es nachvollziehen kann. Vertraust Du darauf, dass die Welt sich weiter dreht? Na klar. Das ist leicht! Nun vertraue darauf, dass die Menschen sich von Jahr zu Jahr und von Generation zu Generation allmählich weiter entwickeln. Je mehr Du Dir das bewusst machst und es vertrauensvoll betrachtest und nachfühlst, dass das einfach wahr ist, um so sicherer und selbstvertrauter wirst Du Dich auch persönlich in immer mehr Fülle und Erfüllung entfalten. Weil alles auf der Erde wächst, wächst auch Du – es sei denn Dein Verstand steht Dir im Weg. Alles wächst. Du auch. Tue etwas dafür, dann wird es noch besser. Darauf kannst und solltest Du bauen und vertrauen.*

Da ist täglich eine Energie in uns und um uns herum, die uns unterstützt. Auch bei der Verwirklichung unserer Ziele. Egal wie wir diese Kraft nennen: Gott, Universum, Energie, Liebe oder was auch immer. Wichtig ist, dass wir ganz einfach darauf vertrauen, dass diese Kraft, die uns erschaffen und unseren Geist in einen Körper gestellt hat und uns täglich mit Energie versorgt, auch zukünftig permanent in und um uns ist. Diese Kraft meint es offensichtlich gut mit uns. Denn sobald wir aufhören, uns gegenseitig zu ärgern, zu berauben oder zu bekriegen, taucht in Friedenszeiten überall auf der Welt ein blühender Handel auf. Es kommen geistige Hochkulturen zum Vorschein und immer mehr Menschen machen „ihr Ding". Schneiden wir uns in den Finger, ist die Wunde wenige Tage später verheilt. So ist die Welt, so funktioniert sie. Die Kraft treibt uns bis wir uns entfalten. Erfahrungen sammeln und sich entwickeln ist ganz natürlich. Alles hier auf dieser Erde folgt dem Naturtrieb, zu wachsen und sich weiter zu entwickeln. Man könnte die Erde auch als eine Art Übungsfeld betrachten – eine Art Schule zur Weiterentwicklung und Entfaltung.

Alles was uns passiert, hat einen Grund, der aus vielen Zusammenhängen entstanden ist. Alles dient unserer Entwicklung.

Aus dieser Perspektive bekommt unser ganzes Leben einen anderen Sinn. Ich habe nicht mehr die Einstellung: Wieso trifft es genau wieder mich? Weshalb nur? Ich bin doch so ein guter Mensch. Das ist unfair. Nein, es ist anders: Das Leben schickt uns permanent neue inspirierende Botschaften, um uns zu helfen, auf Kurs zu bleiben und zu lernen.

Vor über 5 Jahren hatte ich zum Beispiel eine plötzliche einseitige Lähmung im Gesicht. Das war ein Schock für mich. Mein Körper legte mich lahm und ich war einen Monat außer Gefecht gesetzt. Im Vorfeld dieser Lähmung merkte ich schon früh, dass ich an ein Limit gekommen war. Ich ignorierte aber alle Signale meines Körpers und donnerte weiter mit hohem Tempo Richtung Abgrund. Rückblickend war das eine sehr wichtige Lektion, da ich nun viel bewusster mit meinem Körper umgehe. Alles hat einen Grund. Wenn wir die Signale unseres Körpers oder der Umwelt richtig wahrnehmen und rechtzeitig handeln, können wir uns viele Schicksalsschläge ersparen.

Bei Menschen, die plötzlich ihren Job verlieren, kann man immer auch die Chancen erkennen, die dazu zwingen, sich zu entwickeln und etwas Neues, Besseres zu machen. Viele erhalten so auch tatsächlich erst die Möglichkeit, endlich das zu tun, was sie immer wollten.

Es gibt eine schöne alte Geschichte zum Thema „Vertrauen ins Leben", die man in vielen Seminaren und Büchern zitiert findet:

Ein Mensch blickt nach einem langen Leben zurück und schreibt einen Brief an Gott: „Herr, mein Leben lang habe ich an Dich geglaubt, und Du hast mich begleitet. Wir sind Seite an Seite gemeinsam durch dieses Leben gegangen. Doch wenn ich zurückblicke, sehe ich an manchen Stellen im Sand nur eine Fußspur. Und wenn ich die Stellen genauer betrachte, dann waren es gerade die schwersten Phasen in meinem Leben, in denen ich allein durch den Sand ging. Also, Herr, warum hast

Du mich alleine gelassen? Warum hast Du mich ausgerechnet dann, wenn ich Dich am meisten gebraucht hätte, im Stich gelassen?" Und Gott antworte: „Wenn Du nur eine Fußspur im Sand siehst, dann war es, weil ich Dich an diesen Stellen getragen habe."

Schön, nicht wahr? Das heißt auf gut Deutsch, dass wir uns auf Dauer nie wirklich Sorgen machen müssten – wenn wir mit allem angemessen umgehen. Denn: Egal wie schlimm die äußeren Umstände auch sind, es gibt immer eine Lösung. Das Leben geht immer weiter. Das Leben hilft uns, uns zu entwickeln! Auch eine schwangere Frau muss sich nicht überlegen, wie sie es anstellen soll, damit das Kind mit zwei Beinen, zwei Armen, zwei Ohren und einer Nase auf die Welt kommt. Sie vertraut einfach der Natur und es kommt, wie es kommen soll. Dass es Ausnahmen gibt, bedeutet doch nur, dass wir eine natürliche Regel erkannt haben. Und je mehr wir die Regeln und Gesetzmäßigkeiten erkennen und darauf vertrauen und bauen, um so leichter fällt es uns, alte Dinge zurück zu lassen und einen Neustart zu wagen.

Das Leben meint es gut mit uns. Wir dürfen unsere Gedanken getrost auf unsere Wünsche richten. Und dafür gibt es eine kraftvolle Übung.

Übung: Rückblick - vom Ende des Lebens her schauen

Stelle Dir vor, Du gehst im Geist an das Ende Deines Lebens, auf eine sehr angenehme, positive Art. Du sitzt gemütlich in einem Schaukelstuhl und lässt Dein Leben nochmals Revue passieren. Du stellst Dir dazu bitte vor, dass Dein Leben genau nach Deinen Wünschen und Vorstellungen verlaufen ist. Dann frage Dich: Was waren (aus dieser Perspektive rückblickend) die wichtigsten Stationen für mich, um da hin zu kommen? Stelle es dir vor! Welche Qualitäten musstest Du Dir aneignen. Welche Wege bist du gegangen? Welche Erinnerungen hinterlässt Dein Weg wahrscheinlich auch in der Welt anderer Menschen?

Die einen machen diese Übungen gerne mit einem Zeitstrahl, auf dem jedes Jahr ein wichtiges Ereignis vorkommt. Andere erstellen sich eine Mind-Map und wieder andere schreiben eine Grabrede, die ein guter Freund für sie halten würde, wenn man zufrieden und in Ruhe und ganz erfüllt gestorben wäre.

Mache es so, wie es für Dich am besten passt. Notiere und formuliere auch Gefühle und Gedanken und beschreibe die Töne oder den Geruch der Zeiten, die Dich inspiriert haben. Aber mache diese Übung unbedingt in einer Form, die Dir ermöglicht, dass Du eine innere Vorstellung davon gewinnst, was für Dich wirklich besonders, gut und wichtig im Leben erscheint. Wähle selbst, ob Du eine eher positiv realistische Version notierst oder ob Du Deinen grandiosen Lebenstraum beschreibst. Es soll zu Dir passen und Dich glücklich machen.

Viel Spaß dabei!

Eine klare Entscheidung

„Tu es, denn das wird Dir die Kraft geben, es zu tun."
– Ralph Waldo Emerson

Ziele werden erst Wirklichkeit, wenn sie angepackt und umgesetzt werden. Dafür braucht es eine klare Entscheidung. Eine konkrete Abmachung mit sich selbst. Am besten in einer bestimmten Form mit einer Art Ritual. Das setzt ungeahnte Kräfte frei.

Eine Kandidatin rief mich eines Tages an und erzählte mir, dass die Situation bei ihr im Unternehmen unerträglich geworden sei und sie schon seit mehreren Wochen mit dem Gedanken spiele, zu kündigen und etwas Neues zu suchen. Sie fragte mich: „Was denken Sie, wenn ich diesen Monat kündige, habe ich in der heutigen Marktlage gute Chancen, etwas zu finden? Ich habe eine Kündigungsfrist von zwei Monaten." „Das ist immer schwierig, so pauschal zu beantworten, da es immer sehr unterschiedlich ist. Der Arbeitsmarkt ist gut, in ihrem Bereich gibt es immer wieder spannende Stellenangebote. Wie schnell es geht, bis Sie eine neue Stelle haben, ist schwierig vorherzusagen. Das hängt auch davon ab, wie aktiv Sie sind. Außerdem braucht es auch ein Quäntchen Glück dazu. Sie wollen ja schließlich nicht gleich das erstbeste Angebot annehmen. Es kann sein, dass es sehr schnell geht, es kann aber auch sein, dass Sie ein paar Monate arbeitslos sind. Wenn Sie selber kündigen, kann es gut sein, dass das Arbeitslosengeld erst nach zwei oder drei

Monaten kommt, da die Kündigung „selbstverschuldet" ist. Es gibt natürlich immer die Möglichkeit, die Zeit zu überbrücken und temporär zu arbeiten. Nehmen wir mal den „worst case" und sagen, Sie wären ganze 12 Monate arbeitslos. Könnten Sie mit dieser Situation umgehen?" „Ich denke schon", entgegnete sie nach einem kurzen Zögern. „Ich hätte dann wirklich Zeit, mich intensiv um den neuen Job zu kümmern. Auch hätte ich neue Energie, weil ich das jetzige Umfeld nicht mehr ertragen müsste. Ich muss mir das nochmals gut überlegen, ich melde mich wieder bei Ihnen."

Schon am Nachmittag desselben Tages sandte sie mir die aktuellsten Unterlagen und schrieb: „Ich werde definitiv noch diesen Monat kündigen. Ich habe mich entschieden und weiß, dass es das Beste für mich ist. Auch wenn der „worst case" eintreten sollte, weiß ich dennoch, dass ich das packen werde!" Und so kam es dann auch. Nun, schon die klare Entscheidung zu kündigen und sich aus der belastenden Situation zu befreien, setzte wieder neue Energie frei. Das gab der Frau Klarheit und Kraft.

Ob es um eine Kündigung, um ein schwieriges Gespräch, um das Beenden einer Beziehung, um eine Scheidung oder was auch immer geht: Stehe zu Dir und folge Deinem Herzen!

Später erzählte mir diese Klientin, dass es zwar nicht so schnell ging, bis sie eine neue gute Stelle gefunden hatte, aber dass sie dennoch sehr froh war, diesen Schritt getan zu haben. Sie agierte aus einer Position der Stärke. Das gibt Kraft und Selbstvertrauen.

Dasselbe passiert, wenn Du Dir Ziele setzt, deren Erreichung Dich reizt und die sich wirklich sehr für Dich lohnen. Wenn Du zum Beispiel im Job unzufrieden bist und etwas Neues möchtest: Schreibe auf, was Du genau möchtest und wie diese Stelle sein soll.

Tipp von Raho: *Beschreibe Deinen Idealjob - wirklich ganz genau so, wie er am besten für Dich wäre. Ohne Rückhalt, ohne Einschränkung, so wie er für Dich und Deine Qualitäten und Deine Einsatzfreude am besten geeignet wäre, so dass Du Dich 100% voll motiviert einbringen könntest. Erlaube Dir zu träumen, wie Brian Tracy das im ersten Teil des Buches vorschlägt. Sei so hemmungslos, wie Du nur kannst, und erlaube Dir, Deiner größten Freude in Dir Raum zu geben.*

Eine einfache erste Anleitung sieht wie folgt aus:

Meine neue Stelle soll wie folgt sein
Musskriterien:
- viel Kundenkontakt
- kleinere Firmen bis 100 Mitarbeiter
- große Selbständigkeit
- 10 – 20% Reiseanteil
- breites Aufgabengebiet
- laufend neue Projekte

- Pensum 80%
- am Freitag frei
- Lohn mindestens CHF 100'000.- pro Jahr

Konsequenzen:
- Jobsuchabos einrichten
- Lebenslauf verbessern
- ein professionelles Foto machen lassen
- nicht das erstbeste Angebot annehmen – Geduld haben
- es muss wirklich passen (Herzensentscheidung)

Ein Beispiel für ein anderes Lebensthema: Wenn Du finanzielle Probleme hast und es satt hast, immer Schulden zu haben, dann kannst Du das Problem auf die gleiche Art und Weise anpacken. Entscheide mit aller Kraft, dass Du das Problem jetzt anpackst und in den nächsten 12 Monaten wieder schuldenfrei bist. Denke und fühle absichtlich und bewusst mit konzentriertem Willen, dass Du das machst!

Ziel: Alle Schulden sind bis zum (Datum, z.B. Ende des Jahres) bezahlt.

Kriterien: Schulden bei XY vollkommen abbezahlt. Schuldkontostand: Null.

Konsequenzen:
- bis Ende des Jahres keine Ferienreise in das Ausland machen

- ein strenges, klar formuliertes Budget für alle Ausgaben einhalten
- nur noch einmal pro Monat auswärts Essen gehen.

Ich benutze dieses System auch, wenn ich zum Beispiel neue Mitarbeiter einstelle. Ich notiere mir die 5 – 10 wichtigsten Punkte, also absolute Musskriterien. Das sieht dann zum Beispiel bei mir wie folgt aus:

- mindestens 3 Jahre Erfahrung als Personalberater/in
- sie unterliegt keinem Konkurrenzverbot
- eine positive, solide und gut aufgestellte, gewinnende Persönlichkeit
- durchgehend sehr gute Arbeitszeugnisse
- Pensum 100% pro Monat ist zwingend erforderlich
- ein kaufmännischer Hintergrund muss sein
- ist bereit, ein Lohnmodell von 60 : 40 (fix : variabel) zu akzeptieren

Wenn diese Kriterien erst einmal definiert sind, dann geht alles viel leichter. Ich weiß genau, was ich will und was ich nicht will. Der Fokus ist klar definiert. Und davon weiche ich nicht ab! Du wirst erstaunt sein, wie das hilft. Dann sind Deine Entscheidungen eindeutig und Du gehst weg von jeglichem „versuchen wir es mal". Dann gibt es kein Versuchen, sondern ein ideales Ergebnis, und zwar garantiert. Klare Entscheidungen bringen Dir neue Kräfte!

Übung: Eine Traumcollage erstellen: Das Visionsbild

Hast Du schon einmal eine Traumcollage erstellt? So richtig? Diese dann aufgehängt? Falls nicht, lohnt es sich, dies einmal zu tun. Man fühlt sich so richtig in die Kindheit zurückversetzt. Die Methode ist einfach: Du sammelst Bilder, die zu dem Traumleben passen, das Du ansteuern und erreichen willst. Dann heißt es ein paar Tage später: Bilder ausschneiden und zusammen auf ein großes Blatt aufkleben.

Ich habe vor zirka 10 Jahren eine große Collage erstellt. Es macht wirklich Spaß. Zuerst habe ich etwa zwei Wochen lang Bilder gesammelt, die mich angesprochen haben. Das kann vieles sein: schöne Autos, Reisen, Traumstrände, Erfolg im Beruf, eine intakte Beziehung, Familie und so weiter. Das war irgendwie magisch. Viele dieser Bilder oder besser gesagt Ziele sind heute bereits verwirklicht.

Eine Traumcollage ist zusammen mit den definierten Zielen eine starke Botschaft an das Unterbewusstsein. Es setzt einen Prozess in Gang. Und plötzlich, siehe da, schaut man sich die Collage irgendwann einmal wieder an und sieht, dass sich die Mehrheit der Ziele realisiert hat. Ist das ein Wunder? Ganz und gar nicht. Es ist lediglich eine geistige Ausrichtung auf das, was wir wirklich wollen, mehr nicht. Es bringt meinen Geist zu Vorstellungen von dem, was ich wirklich will. Und es funktioniert!

Fange heute noch an, Bilder zu sammeln. Ich habe zu diesem Zeitpunkt auch einige Zeitschriften gekauft und Bilder ausgeschnitten. Heute findet man alle Bilder über Google. Setze Dir noch heute ein Ziel, bis wann Du die Traumcollage erstellt haben möchtest. Ich ging sogar soweit, dass ich am Schluss die Collage fotografiert hatte und das Bild auf Leinwand aufzog. Ein Exemplar hängt nun schon seit vielen Jahren in meinem Zimmer. Ich finde sogar, es sieht sehr schön aus und verleiht dem Raum Farbe.

Beharrlich dran bleiben!

Beharrlichkeit ist ebenfalls eine Gewohnheit, die sich trainieren lässt. Viele Menschen scheitern genau an diesem Punkt, da sie nicht genügend Biss haben und nicht beharrlich genug sind. Beharrlich sein bedeutet, an seinem Ziel festzuhalten. Es heißt nicht, keine Rückschläge zu erleiden.

Wenn Du Biographien erfolgreicher Menschen liest, dann erkennst Du sehr rasch, dass diese Menschen eines gemeinsam haben: Sie geben niemals auf. Verloren hast Du erst dann, wenn Du aufgegeben hast. Bevor Du irgendwann sagst „ich gebe auf", kannst Du immer wieder aufstehen.

Nun geht es darum, diese innere Einstellung als Gewohnheit tief in Dir zu verankern. Dazu könnte Dein nächster Zielzettel oder Bewusstseinszettel wie folgt aussehen:

Ziel / Kriterium: Wenn ich ein Ziel setze, will ich beharrlich dranbleiben.

Das heißt: Schon bei kleinen Dingen bin ich ab jetzt immer konsequent. Wenn ich am Abend den Wecker stelle und sage, ich stehe um 6 Uhr auf, dann stehe ich auch Punkt 6 Uhr auf und nicht erst 5 Minuten später!

Konsequenz: Stehe immer um Punkt 6 Uhr auf und jogge jeden Morgen (außer Samstag und Sonntag) 20 Minuten lang.

Der Unterschied zwischen Siegern und Verlierern besteht nicht darin, dass sie nie verlieren. Er besteht darin, dass Sieger über ihre Niederlagen einfach viel schneller hinweg kommen und erneut auf einen anderen Sieg hin steuern.

Vor einigen Jahren habe ich mich entschieden, mit dem Tennis anzufangen. Nach eineinhalb Jahren holte ich mir eine Lizenz und fing an, Turniere zu spielen. Die ersten Begegnungen waren vernichtend und ich verlor meine ersten Spiele sehr deutlich – teilweise bekam ich nicht einen einzigen Punkt auf meiner Seite. Anfangs war ich schon etwas frustriert, musste mir aber fairerweise eingestehen, dass ich mich mit Spielern maß, die schon viele Jahre Tennis spielen und mehr Erfahrung haben als ich. Ich liebe diesen Sport. Und obwohl ich fast immer verlor, blieb ich dran und konnte mich stark verbessern. Ich verlor irgendwann nicht mehr mit null Punkten, sondern konnte meinen Gegnern die Stirn bieten. Endlich kam dann auch der erste Sieg. Zwar knapp, aber trotzdem: Es gelang mir, einen starken Gegner zu besiegen!

Tipp von Raho: *Wenn Du Dir ein Ziel setzt, achte immer darauf, dass Du nicht nur etwas tust, was Dein Kopf Dir sagt, etwa weil es „cool" oder im Beruf „sinnvoll" ist. Wenn Du zum Beispiel merkst, dass Du eigentlich viel mehr Sport treiben solltest, es aber nicht erzwingen kannst, dann zwinge Dich nicht sondern werde spielerisch! Suche Dir etwas aus, das Dich zum Lächeln bringt, das Dir etwas mehr Licht und Leuchten in die Augen zaubert.*

Beispiel: Ein Raucher, der 50 Jahre lang 40 - 60 Zigaretten am Tag konsumiert hatte, schaffte es nach vielen fruchtlosen Versuchen mit meiner Hilfe, das Rauchen zu beenden. Die Lunge mit sehr viel frischer Luft zu füllen war ein wesentlicher Teil der künftigen Gewohnheit. Er mochte aber keinen Sport und hatte keine Lust auf Anstrengung und Schwitzen. Also suchte ich so lange in verschiedenen Sportarten, bis er lächeln musste ;-) und das war beim Jetski! Er hatte ein Haus in Florida und liebte Boote! Auf einem Jetski würde sein Körper wirklich gefordert. Er liebte diese Bewegungsart und wollte (endlich) wieder Sport machen. Sein Durchbruch zum Erfolg als Nichtraucher, der anfangs sehr schwer war, wurde nun unterstützt, indem er sich auf etwas konzentrieren konnte, was ihn wirklich zum Strahlen gebracht hat. Ein Jahr später hatte ich ihn besucht und konnte erleben, wie dieser Mann als Nichtraucher voller Kraft und Freude einer sportlichen Begeisterung folgte. Genial! Und die Regel dafür ist einfach: Suche Dir etwas, das Dich zum Lächeln bringt, das Dir echte Freude macht! Dann wird es leichter, es durchzuziehen. Beharrlichkeit in den Dingen, die Du liebst, bei denen Du lächelst, machen Dich zum Gewinner.

So ist es überall im Leben. Es ist noch kein Meister vom Himmel gefallen. Alles braucht seine Zeit. Und bis Du etwas Wertvolles meisterst, wirst Du viele Fehler machen. Das ist fast überall so: im Handwerk, im Sport oder im Business.

Sieger stehen aber schneller und auch dann noch auf, wenn Verlierer schon lange aufgegeben haben. Sie zweifeln und verzweifeln. Sieger haben gelernt, mit ihren Rückschlägen zurechtzukommen. Sie geben nicht auf. Sie bleiben ihren Zielen treu, auch und gerade dann, wenn diese unerreichbar scheinen. Sie rechnen mit Problemen, wissen aber auch, dass diese Probleme die Spreu vom Weizen trennen. Ein Gewinner denkt bei einer Niederlage: „Jetzt erst recht, jetzt will ich es wissen!" und drückt das Gaspedal noch einmal herunter und probiert es ein weiteres Mal. Ein Verlierer ist jemand, der schon nach der ersten oder zweiten Niederlage aufgibt und resigniert – und zwar wahrscheinlich deshalb, weil er es nicht mit aller Leidenschaft und Hingabe macht. Wenn Du ein Sieger sein willst, so suche Dir etwas aus, das Du mit natürlicher Begeisterung machen würdest. Wenn Du etwas machst, dann mache es richtig – und bleibe beharrlich dran, bis Du zum gewollten Erfolg kommst.

Entscheidend ist: Die richtige Einstellung

„Das Leben eines Menschen ist das, was seine Gedanken daraus machen!" – Mark Aurel, Römischer Kaiser, 121 – 180 n. Chr.

Unser Leben ist der Spiegel unserer Gedanken. Wir selbst prägen unsere Gedanken und Einstellungen. Unsere Gesellschaft wird als Leistungsgesellschaft bezeichnet, doch wird zunehmend deutlich, dass sich Leistung entweder nicht auszahlt oder die Menschen nicht mehr bereit sind, etwas zu leisten. Viele Leute engagieren sich nicht über das Geforderte hinaus. Will man aber sehr erfolgreich sein, dann geht es nicht anders. Schon Napoleon Hill hat in seinem Buch „Denke nach und werde reich" geschrieben:

Auf der Extrameile zum Erfolg herrscht niemals viel Verkehr. - Napoleon Hill

Wenn Du wirklich erfolgreich sein möchtest, dann musst Du Dich mit aller Kraft für Dein Ziel einsetzen. Das kannst Du aber nur dann dauerhaft tun, wenn Du das gefunden hast, was wirklich Dein Ding ist, wenn Du weißt, weshalb Du auf der Erde bist und wenn Du einen klaren Sinn darin siehst.

Es gibt viele Menschen, die gehen mit der Einstellung durchs Leben, dass sie erst dann etwas machen sollten, wenn sie etwas dafür bekommen.

Zum Beispiel hatte ich einmal eine Mitarbeiterin, die in meinen Augen wirklich viel Potential hatte, sich leider aber immer wieder selber im Wege stand. Sie jammerte immer über dieses und jenes, war nie richtig zufrieden mit dem was sie hatte, sie war aber auch nicht bereit, etwas dafür zu tun. Eines Tages erzählte sie, dass sie ein BWL-Studium machen möchte. Dann wollte sie in die Türkei auswandern. Dann war es eine Ausbildung als Therapeutin. Je nach Wetter änderten sich auch ihre Stimmungen und Wünsche. Bei mir zu Hause in Zürich wechselt das Wetter fast jeden Tag, also kannst Du Dir vorstellen, wie oft sie ihre Meinung wechselte. Vor allem aber hatte sie ebenfalls diese verheerende Einstellung: „Gib Du mir zuerst etwas, dann bin ich auch bereit, Dir etwas zu geben."

Das ist ja so, als würde man dem Ofen sagen: „Gib mir erst Wärme, dann gebe ich Dir auch Holz!" Das geht einfach nicht. Wenn Du in irgendeinem Gebiet Erfolg haben möchtest, dann musst Du Vollgas geben und das, was Du tust, mit einer großen Leidenschaft tun und echten Ehrgeiz entwickeln. Sei es bei einer neuen Sportart oder in Deinem neuen Arbeitsumfeld. Das Ziel sollte hier wie dort sein, auf Deinem Gebiet zu den besten 10% zu gehören oder noch besser sogar ganz vorne an der Spitze zu sein. Das (!) sollte Dein Anspruch an Dich selber sein. Es sollte so sein, dass Du die neue Tätigkeit auch dann machst, wenn Du nicht einmal einen Lohn dafür erhalten würdest. Einfach weil es Dein Ding ist, das Dich begeistert! Dann hast Du das Richtige gefunden.

Ein Jugendfreund von mir konnte das gar nicht nachvollziehen. Er hat viel Potential, versteht es aber leider nicht, dieses Potential zu nutzen. In einem graphologischen Gutachten fanden wir heraus, dass er ein Adler ist, dem leider die Flügel fehlen, um abheben zu können. Dieses Bild war in meinen Augen sehr zutreffend und ich habe es nie mehr vergessen. Er steht sich immer selbst im Weg. Es ist alles da, aber er fliegt nicht. Er könnte, wenn er wollte. Er müsste sich einfach konkrete Ziele setzen, müsste sich vielleicht noch ein paar Flügel aneignen, über seine Schatten springen, indem er zum Beispiel Seminare besucht und seine Persönlichkeit entwickelt. Er hat alles vorhanden, um alles Mögliche zu tun. Aber er tut es einfach nicht.

Tipp von Raho: *Manchmal tun Menschen gar nichts, bevor sie nicht das perfekte Tätigkeitsfeld finden. Aber wer nicht anfängt, bevor er das Richtige findet, der bleibt oft so, wie er schon seit langem bisher gewesen ist. Mit dieser Einstellung wird sich kaum etwas im Leben verändern.*
Wenn Du etwas nicht tust, obwohl Du es könntest, dann mache Dir doch bewusst: Du kannst träumen! Du solltest träumen! Du kannst Menschen suchen und treffen, mit denen Du – vielleicht bei einem gemütlichen Tee oder Wein – einfach einen Abend lang darüber nachdenkst, was für Dich mit Deinen Potenzialen tatsächlich möglich wäre. Überlege Dir doch, was Du wirklich sehr gerne tun würdest und wobei Du gerne sehr erfolgreich wärest. Es soll kein Ziel haben, sondern lediglich ein Brainstorming sein. Dabei ist als wichtige Regel zu beachten: Kein Kom-

mentar darf negativ bewertet werden, solange das Gespräch läuft! Sonst stoppt der freie Fluss an Vorschlägen. Alles sollte positiv aufgegriffen und als Puzzlestück notiert werden, bis einige Blatt Papier voll mit Ideen von Menschen sind, die es gut mit Dir meinen. Falls Du mehrfach Kommentare hörst, dass man Dir mehr zutraut als Du Dir selbst zutrauen würdest, ist der nächste Schritt klar und deutlich: Besuche Seminare zum Thema Selbsterkenntnis und Lebenserfolg, Selbstbewusstsein und Erfüllung. Lerne was Du für's Leben brauchst!

Also hole Dir neuere und bessere Visionen, die Dich beflügeln können! Verschaffe Dir Deine Art von „Flügeln", die Du brauchst, um frei zu fliegen. Denke dabei immer an das Motto: „Was irgendein Mensch tun kann, das kann ja wahrscheinlich auch jeder andere Mensch tun oder ebenfalls lernen, es zu tun."

Übung: Unterstützende Mottos

Jetzt geht es um den inneren Fokus. Auf was richte ich meine Aufmerksamkeit? Wie gehe ich durch den Tag? Wir Menschen können unsere Stimmung selbst aktiv ändern. Das braucht etwas Übung, aber es funktioniert und wirkt sehr stark. Du hast das vielleicht auch schon erlebt: Du regst Dich über etwas auf und die eigene Aufregung trübt Deine gesamte Stimmung. Nur zehn Minuten später erhältst Du eine tolle Nachricht und Deine Stimmung dreht sich um 180 Grad. So schnell!

Genauso ist es möglich, dass ich meine Stimmung selber beeinflusse. Recht gut gelingt das mit unterstützenden Mottos.

In Sekundenschnelle kann ich meine Stimmung ändern. Ich entscheide folglich selbst, wie ich mich fühlen möchte.

Ich persönlich habe in meiner Agenda immer leere Notizblätter bereit. Wenn ich meinen Fokus oder auch meine Gedanken ändern möchte, dann schreibe ich kurz einige positive Punkte auf, um meiner Vision oder meinem aktuellen Hauptfokus Kraft zu verleihen. Heute weiß man, dass Gedanken messbare Energie repräsentieren. Je mehr ich meine Gedanken und Gefühle dahin richte, wo ich sie haben möchte, also auf meine Ziele, Wünsche und Erwartungen, desto größer ist die Wahrscheinlichkeit, dass ich diese Ziele erreiche. Diese Gedanken und Gefühle strahle ich aus und sie werden von anderen Menschen aufgenommen.

Vieles läuft dabei ganz unbewusst ab. Wir Menschen versuchen immer alles mit dem Verstand zu erklären. Aber unser Verstand ist im Vergleich zur Informationsmenge, die unser Unterbewusstsein prozessiert, sehr begrenzt. Unser Unterbewusstsein kann in Sekundenschnelle Dutzende von Details wahrnehmen. Der Verstand ist im Vergleich zum Unterbewusstsein träge und sehr begrenzt, wenn er nicht trainiert und auf besondere Art in Anspruch genommen wird. Betrete ich zum Beispiel einen Raum, kann ich vom Verstand her sagen, da sind fünf Personen, es riecht nach Rauch und es ist heiß in diesem Raum. Das Unterbewusstsein hat aber in dieser Zeit noch sehr viel mehr aufgenommen. Es registriert unendlich viele Fakten, erkennt welche Stimmung im Raum ist und reagiert instinktiv, bevor der Verstand auch nur annähernd Klarheit gewinnt, was in diesem Augenblick alles bemerkbar ist. Eine Situation kann komisch, bedrohlich oder mit einer angenehmen Stimmung wirken. Unterbewusstsein und Instinkte reagieren sofort darauf, lange bevor wir das bewusst verstehen!

Auch in Vorstellungsgesprächen stellen wir dies immer wieder fest. Vom Verstand her mag alles passen. Eine renommierte Firma, ein Karriereschritt, ein sehr guter Lohn. Aber irgendwie sagt ein Gefühl „Nein", obwohl vom Verstand her alle Ampeln auf Grün stehen. Das Unterbewusstsein nimmt Gesten, Blicke und Schwingungen auf, die der Verstand kaum erklären kann. Bei einem negativen Bauchgefühl gilt die Devise: Im Zweifelsfalle lieber dem Instinkt folgen, also das Bauchgefühl wichtig und wirklich ernst nehmen.

Die Übung: Erstelle Dir ein eigenes Motto!

Unterstützende Mottos können die Form von Sprichwörtern haben, etwa: „Wer wagt gewinnt", oder: „Just do it". „Never, never, never give up." Oder einfach: „Egal was passiert, ich bin immer gelassen." „Mut haben, frech sein, ausprobieren." „Ich gehe meinen Weg, egal was Andere denken." „Weniger ist mehr." „Jeden Tag komme ich meinen Zielen einen Schritt näher." „Mir geht es jeden Tag, in jeder Hinsicht immer besser und besser."

Tipp von Raho: *Bei der Erstellung Deiner Mottos folge einfach dem Lustprinzip! Spreche die vorstehenden Mottos doch* einmal der Reihe nach LAUT aus. Finde weitere Mottos, wie man sie früher auf Kalendersprüchen fand und die heute im Internet in Sprüche- und Zitate-Sammlungen zu finden sind. Suche im Internet mit den Stichworten „Zitate und Weisheiten" nach Anregungen. Oder: Sprich etwas aus und fühle, wie Deine Seele, Dein Bauchgefühl darauf reagiert. Mach das mit einem ganzheitlichen Bewusstsein, also nicht nur rational! Nimm Gefühle dazu, folge den Instinkten in Dir, folge inspirierenden Assoziationen im Kopf und folge der Freude, die bei manchen Sätzen besonders reich wirkt. Sätze, die Dir ganz besonders gut gefallen, schreibst Du einmal mit der eigenen Handschrift auf und klebst sie an die Wand Deines Zimmers – dann siehst Du sehr schnell, wie gut sie Dich motivieren. So ein Motto wird sich mit der Zeit als eigene Weisheit in Dein Unterbewusstsein einprägen, bis Du es völlig verinnerlicht hast. Wenn Du den Inhalt ganz integriert hast und Dich tatsächlich so auslebst, wie Du es aufgeschrieben hast, kannst Du den Zettel an der Wand durch ein neues, besser passendes Motto ersetzen.

Mit dieser Methode führst Du Dich schneller und leichter zu einer neuen inneren Einstellung, die Dich zu neuen sachlichen, materiellen und finanziellen Ergebnissen hin steuert und gute Gefühle bewirkt. Probiere es aus! Es kann Wunder bewirken.

Kann auch ein Slumbewohner seine Berufung finden und damit reich werden?

Auf jeden Fall! Auch wenn das am Anfang kein einfaches Unterfangen wird. Die Voraussetzung dazu ist, dass diese Person einen großen Traum hat, sich diesen Traum bewusst macht und ihn wirklich umsetzen will.

Meistens fehlt es den Menschen nur an Wissen, bevor sie erfolgreich werden und die nötige Erfahrung sammeln können. Sie wissen oder glauben nicht, dass sie in der Lage sind, ihr Wissen und ihren Bewusstseinshorizont so zu erweitern, dass sie damit auch ein sehr großes Ziel erreichen können. Mit der richtigen inneren Einstellung und dem Erlernen des nötigen Wissens, mit dem nötigen Durchhaltevermögen und einem brennendem Verlangen danach, sich den Traum zu erfüllen, den man in sich trägt, kann man diesen auch verwirklichen. Natürlich verlangt das unter schwierigen Voraussetzungen ganz besonders viel Einsatz. Aber im Prinzip geht das sehr wohl!

Einmal angenommen, ein Straßenjunge aus den Favelas von Brasilien hätte den großen Wunsch, selbst ein Hotel an der Copacabana zu besitzen. Was müsste er tun? Wie müsste er vorgehen? Was müsste er lernen, damit dieser Traum sich von ihm selbst tatsächlich manifestieren ließe?

Zuerst müsste sein Wunsch im Kopf eine gewisse Gestalt annehmen, die sich sein Verstand merken kann: Ein Bild, eine kleine Geschichte, ein innerer Film, also eine Vorstellung, die man sich als realisiert vorstellen kann. Der Straßenjunge müsste sich genau ausmalen wie sein Traumhotel aussehen soll!

Dann müsste er Augen und Ohren offen halten, sich die umliegenden Hotels anschauen und viele Informationen sammeln, worauf es in diesem Business ankommt. Dann müsste er versuchen, einen Job als Kellner, Tellerwäscher oder was auch immer zu erhalten, um in diesem Bereich sein Wissen und seine Erfahrung zu vermehren.

Vom verdienten Geld müsste er einen Teil für Bücher und Ausbildung auf die Seite legen. Er müsste soviel wie nur möglich lernen, vollen Einsatz in der Arbeit zeigen, sich vorbildlich verhalten und sich besonders viel Sach-, Fach- und menschliche Sozialkompetenz aufbauen. Er müsste auf jeder Karrierestufe darüber nachdenken, was er braucht, um einen Schritt weiter zu kommen. Mit diesem Vorgehen und dem brennenden Wunsch, der ihn jeden Tag von Neuem antreibt, hätte er reelle Chancen, eines Tages sein eigenes Hotel zu besitzen.

So etwas geht nur, indem man die Wünsche, welche in einem Menschen schlummern, aufspürt, sie ernst nimmt und tut, was zu tun ist, damit sich die Idee als Tatsache manifestieren kann. Diese Wünsche schlummern in jedem von uns. Wir kommen auf die Welt, um uns in dieser Welt auszudrücken und unsere Talente zu entfalten.

Tipp von Raho: *Stell Dir vor, jeder Mensch wäre wie eine Pflanze. So verschieden wie die Pflanzen sind, so verschieden sind auch unsere Seelen. Einer ist eher wie eine Eiche und braucht Jahrzehnte, um richtig ausgewachsen zu sein. Aber so eine Eiche kann dann auch tausend Jahre alt werden. Eine Rose ist nicht weniger gut. Ein Grashalm ist nicht weniger interessant! Jedes Wesen hat seine eigene Art und alle haben Eigenschaften, die unter bestimmten Umständen extrem wertvoll sind. So ist das auch bei Menschen: Nicht alle müssen Millionäre werden oder berühmte Musiker, um Erfüllung zu finden. Aber jeder kann sich doch im Spiegel seiner Seele selbst erkennen und bemerken, was für eine Art von „Gewächs" er ist. Der Vorteil davon ist, dass man nie mehr die Ideale anderer Leute zu erfüllen versucht, die man vielleicht niemals erfüllen können wird.*

Du kannst Dich auf Dein eigenes Ding konzentrieren! Überlege Dir, was Du bist! Sei eine Distel, die Beton und Teer durchdringt. Sei ein Grashalm, der jeden Tritt verdaut, der in wenigen Wochen wächst und tausende Abkömmlinge produziert. Sei eine Olive, die mit sehr wenig Regen auskommt und als Baum 5.000 Jahre alt werden kann. Erlaube Dir zu erkunden, was Dir Spaß und Freude macht, was Dir in einer neuen Disziplin vielleicht viel mehr Erfolg bringt als Du geglaubt hast.

Deshalb macht es relativ wenig Sinn, wenn wir Geld in Drittweltländer spenden, ohne dafür zu sorgen, dass die Menschen die eigenen Kräfte erkennen und diese richtig zu nutzen lernen. Es beruhigt zwar unser Gewissen, aber wirklich helfen wird es nur kurzfristig. Es ist viel sinnvoller Schulen zu bauen und die

Menschen auszubilden und ihnen beizubringen, wie die Wirtschaft funktioniert, wie man neue Dienstleistungen anbietet, wie man Marketing macht, wie man erfolgreich arbeitet, Prioritäten setzt oder Briefe schreibt und die Buchhaltung führt. Es gibt Milliarden von Menschen mit den unterschiedlichsten Bedürfnissen. Ständig kommen neue hinzu. Der Markt ist riesig und es gibt laufend neue Produkte und somit neue Bedürfnisse.

Im Buch von Daniel Zanetti „Vom Know How zum Do How" habe ich vor Jahren eine eindrückliche Geschichte gelesen, die ich nie mehr vergessen habe. Daniel Zanetti lebte als 20-Jähriger einige Monate in den USA und arbeitete nebenbei in einem Theater, wo er jeweils bei der Abendvorstellung für die Garderobe zuständig war. Das heißt, er hatte vor und nach der Vorstellung viel zu tun, dazwischen ging es lediglich darum, die Jacken zu bewachen, damit sie nicht gestohlen wurden. Nun überlegte er sich, wie er die drei Stunden sinnvoll nutzen und den Theaterbesuchern einen Mehrwert bieten konnte. Ihm fiel auf, dass bei vielen Jacken entweder Knöpfe fehlten, diese schon sehr lose waren oder die Jackenhalterung ausgerissen war. So kam es, dass er Nadel und Faden mitnahm und die Knöpfe annähte. Viele der Kunden waren begeistert, und so konnte Zanetti seinen Stundenlohn dank zusätzlicher Trinkgeldeinnahmen massiv aufbessern. Gute Idee, nicht? Chancen gibt es viele, man muss sie einfach erkennen.

Ausblick: Halte den Kurs!

Und nun sind wir schon beim letzten Kapitel angelangt. Deinen Kurs zu halten, wenn Du dieses Buch durchgearbeitet hast. Hoffentlich konntest Du bis hierher schon viel profitieren und mitnehmen. Idealerweise hast Du alle Übungen gemacht, Deine Ziele erforscht und neu definiert und bist vielleicht schon daran, einige Gewohnheiten anzupassen.

Vielleicht beschäftigst Du Dich schon lange mit solchen Themen und vieles war eine gute Wiederholung. Vielleicht hast Du Dich aber auch jetzt erst so stark mit diesen Themen auseinandergesetzt, bist Dir Deiner Möglichkeiten bewusst geworden und kannst nun voll eintauchen. Wo immer Du auch stehst, eines ist sicher: Die Persönlichkeitsentwicklung ist ein lebenslanger Prozess, der Dich immer bewusster, achtsamer und wacher machen wird, der Dich reifer und auch reicher machen kann - je nachdem, was Du ansteuerst. Je mehr Du Dich mit Dir selbst, Deinen Zielen und Wünschen beschäftigst, umso näher kommst Du an Dein Traumleben heran.

Im Idealfall liest Du regelmäßig weitere Erfolgsbücher oder Biographien von erfolgreichen Menschen und besuchst Seminare, die Dir neue Fähigkeiten für Deinen Lebensweg antrainieren. Du wirst überall irgendetwas herausnehmen und Deine Persönlichkeit weiter entwickeln, wenn Du weiter am Ball bleibst. Wie Brian Tracy immer so schön sagt: Strebe danach, in Deinem Gebiet zu den Top 10%, zu den Besten zu gehören.

Noch eine letzte Übung, bevor wir mit den Erfolgsgesetzen für das Suchen und Finden der idealen Tätigkeit anfangen. Die finde ich persönlich einfach genial und sie ist mein persönlicher Geheimtipp. Sie erscheint am Anfang banal und albern, aber sie entfaltet eine enorme Kraft. Am besten machst Du sie jeden Tag - und wenn Du gerade eher schwierige Zeiten durchläufst: mache die folgende Übung mehrmals am Tag.

Übung: Dankbarkeitsübung (Geheimtipp)

Seit Jahren habe ich es mir zur Gewohnheit gemacht, dass ich mich jeden Morgen nach dem Aufstehen ganz bewusst hinsetze und für mich aufzähle, wofür ich dankbar bin in meinem Leben.

Du wirst erstaunt sein, wie viele Dinge das sind. Wir haben die Tendenz, alles für selbstverständlich anzuschauen und alles als normal anzunehmen, was wir ständig erleben. Das ist es aber nicht. Das merkt man sofort, wenn man krank ist! Denn die Gesundheit ist normal. Aber man wird ja oft erst dann wirklich dankbar für die eigene ständige (!) Gesundheit, wenn man sich auch einmal krank fühlt.

Wenn wir uns bewusst machen, was wir alles haben, dann sind wir meistens sehr erstaunt, wie gut es uns geht. Dankbarkeit ist eine enorm starke Energie und wir merken unmittelbar, noch während wir die Übung machen, dass wir uns stärker fühlen und dass es uns doch ziemlich gut geht. Diese Übung kann man überall praktizieren. Im Auto, unter der Dusche, am

Arbeitsplatz, vor dem Einschlafen im Bett. Es ist unglaublich, welchen Einfluss sie hat und welche Ruhe und Gelassenheit diese Übung bringt. Probiere es einfach mal aus. Auch ich war am Anfang mehr als skeptisch.

Tipp von Raho: *Sprich alles aus, wofür Du dankbar sein kannst. Sprich dazu ruhig einmal laut für Dich selbst aus, wofür Du alles dankbar sein kannst. Sprich Deinen Dank laut aus. Für Gefühle, für Arme und Beine, für Denkfähigkeit, für Dein Leben, für Sprechfähigkeit, für Lernvermögen, für Bildung, für was auch immer Dir einfällt. Danke dieser Welt doch einmal laut und hörbar dafür.*

Am besten wäre es, wenn Du einmal in Stichworten aufschreibst, was Du alles bist und was Du hast. Sei gründlich und großzügig! Sage Danke für Deine Eltern und die Geschwister oder Freunde und Bekannte - auch, wenn es einige anstrengende Kontakte darunter gibt. Denn sie lehren Dich doch, Du selbst zu sein und Deinen eigenen Weg für Dich besser zu erkennen, und nicht mehr nur deren Gedanken zu folgen.

Sage Danke für das Wetter, auch wenn es regnet – denn das ist gut für diese Welt! Sage Danke für Menschen, die Hindernisse für Dich bedeuten – denn sie zeigen Dir wie stark Du bist, und was Du zukünftig beiseite lassen könntest. Sage Danke für die Blumen, die Du siehst, für die Berge, Wälder, für alle Tiere und Pflanzen, die Du hörst und siehst und riechst und anfassen kannst, und für wirklich alles, was Dir bewusst macht, was für ein erstaunliches, phantastisches Wesen Du als Mensch tatsächlich bist!

Jeder Mensch hat enorme Möglichkeiten, unendlich viele Möglichkeiten! Mache Deinen Dank ganz konkret, um Dein Bewusstsein an konkreten Dingen wachsen zu lassen. Denn: Je mehr Du laut und deutlich dankst, umso mehr wird Dir selbst bewusst, was für ein schöpferisches und starkes Wesen Du als Mensch bist.

Willst Du noch einen Schritt weiter gehen? Dann lege Dir ein Erfolgstagebuch an. Das bedeutet: Notiere Dir jeden Abend mindestens fünf Stationen des Tages, an denen Dir etwas gut gelungen ist. Dies wird mittel- bis langfristig einen großen Einfluss auf Dein Selbstwertgefühl haben. Am besten probierst Du es gleich jetzt einmal aus. Erstelle eine erste Liste, und sei es anfangs nur im Geiste! Dann bringe es bei nächster Gelegenheit direkt auf ein Blatt Papier. Notiere alles, wofür Du dankbar sein könntest! Es wird Dein Leben entscheidend positiv verändern.

Teil IV

Schlusswort – Mach mit bei der Lernrevolution

– von Brian Tracy

Überall in den Industrieländern wandelt sich die Welt von der Ära der Arbeitskraft zur Ära des Denkvermögens. Wir haben uns vom Gebrauch körperlicher Muskeln zur Nutzung unserer mentalen „Muskeln" bewegt. Die Hauptquellen unserer Werte in der heutigen Gesellschaft sind neues Wissen und die Fähigkeit, dieses Wissen einzusetzen. Denn es geht immer auch darum, Ergebnisse zu erzielen.

Im Informationszeitalter ist aktuelles Know How entscheidend. Menschen, die ihre Fähigkeit weiter entwickeln, sich kontinuierlich neue und bessere Formen von Know How aneignen, können dieses nutzen, um sowohl ihre Arbeit wie auch ihr private Leben besser und leichter zu meistern. Wer sich aktuelles Wissen verschafft, wird in der kommenden Zukunft zu den Machern und Schöpfern der Gesellschaft gehören.

Lernrevolution und Meisterschaft

Wer Techniken für schnelles Lernen kennt und nutzt, wer die Lernrevolution auch für ganzheitliches Bewusstsein mitmacht, lernt die unvorstellbaren Kräfte seines Geistes freizusetzen. Man lernt, wenn man sein Bewusstsein komplett gebraucht, viel schneller und intelligenter zu reagieren, und kann dadurch mehr erreichen als andere, die das nicht tun.

Indem man lernt, sich als ein Meister des Schicksals zu erkennen, der noch lernt, und indem man sich nicht mehr bloß als das Opfer der Umstände empfindet, lernt man die volle Kontrolle über seine heutige Gegenwart und das künftige Schicksal zu übernehmen. Du kannst letztendlich alles im Leben erreichen, was Du kannst und wirklich willst.

Das verfügbare Wissen der heutigen Zeit verdoppelt sich etwa alle zwei bis drei Jahre, und zwar in fast jedem Beruf – auch in Deiner Branche! Das bedeutet, dass Du Dein Know How, um dieses wachsende Wissen zu gebrauchen, alle zwei bis drei Jahre verdoppeln musst, nur um am Ball zu bleiben.

Alle Menschen, die nicht sehr entschlossen oder sogar rigoros und permanent ihre eigenen Kenntnisse und Fähigkeiten im Arbeitsleben updaten und verbessern, werden nicht an der gleichen Stelle bleiben können, wo sie heute sind. Sie werden ins Hintertreffen geraten und zurückfallen oder irgendwann wegfallen im Beruf. Wer nicht weiter lernt, während der Rest der Welt irgendetwas Neues lernt, wird bei einer der nächsten Entlassungsentscheidungen gekündigt. Das sieht man überall an der Unsicherheit in der Belegschaft vieler Unternehmen, wenn es um „Change Management" geht, um die Veränderung der Art, wie man die Arbeit verrichten soll oder um die Art, wie ganze Arbeitsbereiche wegrationalisiert werden. Man sieht es an der zunehmenden Desorientierung und Verzweiflung bei Menschen mit einem Arbeitsplatz von relativ geringer Qualifikationsanforderung. Denn diese sind ständig in der Gefahr, verdrängt zu werden, wenn Arbeitsplätze auf einmal überflüssig sind und sich auflösen oder kurzerhand in das billigere Ausland verschoben werden.

Schnellerer Arbeitsplatzwechsel

Noch in den 70er Jahren war es üblich zu glauben, dass man mit dem Abschluss seiner Ausbildung einen Job in der Firma bekam, in der man für den Rest seines Lebens bleiben kann. Das war im alten Paradigma des Lernens. Damals hat man das Leben der Erwachsenen nämlich in drei Teile gegliedert. Der erste Teil waren die Lehrjahre, in denen man lernen musste und seine Ausbildung bekam, egal wie knapp oder umfangreich die war. Dann folgten die „Verdienen"-Jahre. Das war die Zeit, in der man Jahrzehnte lang für seinen Lebensunterhalt gearbeitet hat - damals tatsächlich oft noch in einer einzigen Firma. Und am Ende kamen die Rentenjahre. Das war die Zeit des Ruhestands, in der man soziale Sicherheit, seine „verdiente" Rente und vielleicht noch extra Ersparnisse hatte, der Teil des Lebens, für den man sein bisheriges Leben lang eingezahlt hatte.

Heute ändert sich der Personalbedarf aber so schnell, dass Du Dich wirklich ständig und immer wieder neu fragen solltest: „Was wird mein nächster Job sein?" Und Du solltest Dich auch regelmäßig fragen: „Was soll meine neue Karriere sein?"

Stell Dir vor, Dein Arbeitgeber, das ganze Unternehmen oder sogar die gesamte Branche, in der Du arbeitest, würde aus irgendeinem Grund über Nacht verschwinden! Das passiert mit Investmentbanken, Produktionsfirmen wie auch bei Dienstleistern, Versicherern und in fast jeder andere Branche. Stell Dir vor, dass Du deshalb noch einmal in einem völlig neuen Geschäft, einer ganz anderen Branche und mit anderen Herausforderungen anfangen müsstest. Wenn Du völlig andere Aufgaben zu erfüllen hättest: Was würdest Du Dir am liebsten aussuchen? Was wäre das bei dir?

Glaube jetzt bloß nicht, diese Frage sei rein spekulativ oder nur für „andere" Leute wichtig, bloß nicht für Dich. Denn das hier ist eine Frage, mit der sich wirklich jeder auseinandersetzen muss. Und je früher Du das tust, um so besser ist das für Dich. Vielleicht passiert es Dir nämlich doch schon viel früher als Du heute erwartest.

Die wichtigsten Fragen für den Neustart

Wenn Du über einen neuen Job oder eine neue Karriere oder irgendeinen Neustart nachdenkst, dann stelle Dir auf jeden Fall die wichtigste aller Fragen: „Worin wäre ich selbst gerne absolut gut?" Oder anders gesagt: „Was würde ich am liebsten so intensiv und gut tun, dass ich mich darin zur Meisterschaft entwickele?"

Worin würdest Du hervorragend arbeiten, wo wärst Du 100% engagiert und würdest alles lernen, um Dir ein wirklich gutes

Leben auf einem neuen Weg zu verdienen?

Die Antwort auf fast jede Frage und die Lösung für fast jedes Problem in der Arbeitswelt ist heute, etwas Neues und Anderes zu lernen und zu gebrauchen.

Wenn Du lernst, die unendlich große Kraft Deines menschlichen Geistes zu nutzen, um die vielen, ständig neuen Ideen und Informationen aufzunehmen und zu nutzen, die man im Internet und überall angeboten findet, wirst Du viele neue Türen öffnen. Du kannst viele neue Erfahrungen sammeln, die Dir auch in der Arbeitswelt neue Türen öffnen. Du kannst ganz neue Einsichten und Erkenntnisse mit neuen Ideen und völlig anderen Möglichkeiten als bisher bekommen. Du kannst Dich selbst in die Lage bringen, in einem Bereich, in dem Du unheimlich gerne arbeiten würdest, zukünftig selber auch zu den Erfolgreichsten zu gehören. Du kannst an die Spitze einer ganz neuen beruflichen Tätigkeit gelangen! Denn da, wo Du Deine Arbeit echt begeistert machst, weil Du liebst was Du tust, da wirst Du von Natur aus sehr viel mehr Einsatz bringen als jeder andere.

Wie stark ist Deine Verdienstfähigkeit ausgebildet?

Noch eine weitere gute Frage: Was ist Dein finanziell wertvollstes Gut? In Bezug auf Deinen Geldfluss: Was ist das Wertvollste, was Du hast?

Nun, falls Du nicht überdurchschnittlich reich bist oder ein Familientreuhandkonto besitzt, das immer genug Geld für Dich bereit stellt, ist Dein wertvollstes Kapital Deine heutige „Verdienstfähigkeit". Es ist Deine Fähigkeit, Geld zu verdienen. Es ist Deine Fähigkeit, Kompetenz und Know How in zeitgemäßer Weise zum Erreichen von Ergebnissen zu gebrauchen, für die andere Menschen oder Firmen jederzeit gerne Geld bezahlen. Es geht um **Ergebnisse, die Anderen einen Wert bringen.**

All Deine Bildung, Dein Wissen, Deine Erfahrung, Dein Know How, Angelesenes und Ausbildung, Deine Kompetenz in der Umsetzung bestimmter Arbeiten – all das baut Deine Verdienstfähigkeit auf.

Nach Ansicht der Experten, also den „Reichen" in westlichen Industrieländern, die aktuell ein sechs- oder siebenstelliges Einkommen im Jahr erarbeiten - übrigens immer mehr Menschen, die mit großen Erziehungsnachteilen und oft sogar bei null anfingen - kann man alle vorherigen Umstände überwinden, indem man enorm viel Zeit und Energie in die Entwicklung seiner eigenen Verdienstfähigkeit investiert. Das Vorankommen und Geldverdienen ist heute viel eher und besser zu schaffen als in früheren Zeiten. Du kannst überall neu starten und Deine Verdienstfähigkeit auf jedem Gebiet enorm steigern - wenn Du nur willst.

Der weltberühmte Erfolgsexperte Peter Drucker sagte immer, dass ein wahrhaft gut gebildeter Mensch einer ist, der gelernt hat, fortlaufend zu lernen und sich während des gesamten

Lebens weiter zu bilden. Der Erfolgsexperte Tom Peters sagt, dass die einzige echte Quelle für nachhaltige Wettbewerbsvorteile, sowohl im Privaten wie auch bei Unternehmern, das kontinuierliche Lernen sei. Bestsellerautor Peter Senge schrieb in The Fifth Dimension, dass nur lernende Organisationen, also solche, die in der Lage sind, neue Informationen zu integrieren, sich anzupassen und diese schneller zu verwerten als ihre Konkurrenz, in der sich immer schneller ändernden wettbewerbsorientierten Welt von morgen überleben werden. Je mehr relevantes Wissen man heute hat, umso besser ist man bei der Lösung von Problemen oder beim Erzielen von Ergebnissen für Menschen, die dafür zahlen.

Man sollte immer lernbereit sein

Je mehr Wissenswertes Du weißt, desto mehr Freiheiten und Möglichkeiten hast Du. Je mehr Du lernst und je eher Du lernst, was Du heute im Beruflichen wissen solltest, umso eher und schneller bewegst Du Dich in Deiner Karriere voran und steigst auf. Das gleiche gilt heute übrigens in allen anderen Bereichen des Lebens.

Zwischen dem, wo Du stehst und dem, wo Du hingehen möchtest, gibt es fast immer eine Lücke, und in fast allen Fällen kann man feststellen, dass man diese Lücke mit mehr Know How und Fähigkeiten überbrücken kann. Um von da, wo man gerade steht, zu seinen Zielen zu gelangen, muss man etwas Neues und Anderes lernen und sich antrainieren. Man muss sich neue

Kenntnisse und Fähigkeiten aneignen! Man sollte stets mit einer neuen inneren Einstellung und mit neuen Methoden umgehen lernen. Man sollte einfach immer wieder neue Techniken, Verfahren und Verhaltensweisen erlernen.

Um bessere Erziehungsberechtigte und Eltern zu werden, muss man sich eine bessere Erziehungskompetenz antrainieren und nutzen. Wer ein besserer Ehepartner sein will, sollte alles Neue zum Thema Beziehungsfähigkeit studieren und praktizieren. Wer mehr Geld verdienen will, muss herausfinden, wofür die Menschen gerne mehr Geld bezahlen, und sich dann darauf konzentrieren, diese Techniken und Verhaltensweisen zu lernen und einzusetzen.

Modernes Lernbewusstsein

Spezifische Kenntnisse und Fertigkeiten werden im Laufe der Zeit immer veralten. Doch zu lernen, wie man lernt, das baut eine nachhaltige Kompetenz auf, die man alle Tage seines Lebens gebrauchen wird. Wer bei dieser Lernrevolution mitmacht, wer anders und schneller lernt, etwa indem man Google und Facebook nutzt und sich zu einem der besten und bekanntesten Experten auf seinem eigenen Gebiet macht, kann sich da hin bringen, dass man in nur einem oder zwei Jahren mehr verdient als andere Leute in fünf oder zehn Jahren.

Wer sich auf dieses moderne Lernbewusstsein einlässt, wird sich in jedem Bereich seines Lebens verbessern. Du wirst dann nicht nur sicherer und erfolgreicher im neuen Beruf, sondern kannst so weit kommen, dass Du Deinem Lebenspartner und Deinen Kindern viel besser helfen kannst, sich auch dafür zu öffnen und die eigenen Potenziale bewusst zu machen! Du wirst ein besserer Freund, weil Du Deinen Freunden helfen kannst, dass auch sie ihre Fähigkeiten besser erkennen und einsetzen. Du kannst ein besserer Manager des eigenen Erfolges sein, weil Du Fähigkeiten entwickeln kannst, die Dich dahin bringen, dass Du einfach mehr aus Dir und auch anderen Menschen herausholst als es vorher überhaupt jemals machbar gewesen wäre.

Wir drei, also Brian, Marc und Raho, wünschen Dir bei Deinem Neustart, dass Du stets die besten Impulse bemerkst und dass Du Deine Fähigkeit ausbaust, genau das zu lernen und ins Leben einzubauen, was Dich beflügelt und stärkt, was Dich in all Deinen Unternehmungen weiter inspiriert begeistert. Wir wünschen Dir, dass Du Deine größte Kraft und Freude in allen Lebensbereichen umsetzen wirst und Deine Kraft und Freude zum Wohle ganz vieler Menschen einsetzen und in den Dienst der Menschheit stellen kannst.

Viel Freude, Glück und Erfolg bei Deinem nächsten Neustart, das wünschen Dir von ganzem Herzen!

Brian Tracy, Marc Thurner und Raho Bornhorst
Freiburg, im Juli 2015

Handle jetzt: TUE etwas für Deinen Neustart!

Wenn Du das Buch soeben durchgelesen hast, dann hast Du jede Menge Inspirationen und Übungen gelesen. Belasse es nicht dabei! Setze etwas um– und zwar sofort, aber spätestens innerhalb der nächsten 72 Stunden! Denn sonst verlieren sich viel zu gute Impulse in der Flut anderer Gedanken im Alltag. Hier ein paar Anregungen, was Du nun tun könntest:

- **Sprich mit Freunden darüber, was Du beim Lesen gedacht hast.**
- **Frage Freunde oder einen Coach, was DU ÄNDERN könntest.**
- **Suche Webseiten von Coaches, die bei Veränderungen helfen.**
- **Siehe Videos auf Youtube.com etc. an, die Dich inspirieren.**
- **Besuche die Webseiten der Autoren. Lerne mehr von ihnen.**
- **Finde heraus, was Du wirklich LIEBST im Leben!**
- **Erstelle eine Liste ALLER Dinge, die Du wirklich zu tun liebst.**
- **Treffe Menschen persönlich, die Dich inspirieren.**
- **Fange mit Freizeit-Aktivitäten an, die Du toll finden könntest.**
- **Mache Spaziergänge & Radtouren in der Natur - auch alleine!**
- **Lerne, Augenblicke mit Dir allein zu sein, um DICH zu ERLEBEN.**
- **Lerne Menschen kennen, die so leben wie Du gern leben willst.**
- **Besuche Seminare und Workshops, die Dich stark machen.**
- **Investiere Zeit und Geld, um zu tun, was Dich glücklich macht.**
- **Lerne Deinen Arbeitseinsatz mit eigener Freude zu fluten.**
- **Lerne eine (neue) Arbeit so zu tun, wie sie mehr Geld bringt.**
- **Lerne und wachse weiter, erlaube Dir jetzt alles dazu Nötige!**
- **Erstelle einen Aktionsplan: Was kannst Du anfangen?**
- **Starte mit ganz kleinen Schritten. Aber fange an zu gehen!**

Gehe auf die Webseite zu diesem Buch! Hole Dir gratis die Digitaldownloads: **www.RahoBornhorst.com/Neustart-Buch**

Seminare mit Raho Bornhorst

Bäckerlehre, Wirtschaftstudium, Verleger, Seminarunternehmer und ganzheitlicher Coach seit 1990 - Raho Bornhorst folgt vorrangig seiner höchsten Berufung, Menschen auf solider Grundlage darin zu unterstützen, den besten Weg im Leben zu erkennen. Er ist ein bodenständiger Handwerker und ein erfolgsorientierter Unternehmer zugleich. Doch er denkt und lehrt als spiritueller Lehrer, wie im Prinzip jeder Mensch das Wesentlichste in sich selbst erkennt und lieben lernt - um das Beste aus dem eigenen Leben machen zu können.

Die Seminare im Detail

www.Bornhorst.de
Überblick über seine Arbeit

Online-Angebote

www.DasHoehereSelbst.com
Audio-Download und -CD
für natürliches Selbst-Bewusst-Sein

www.UnternehmerBewusstsein.com
Online-Video-Training mit
Raho Bornhorst und Dr. Mara Stix

www.RahoBornhorst.com
Blog von Raho Bornhorst

RahoBornhorst.com/Neustart-Buch
Download-Extras zum Buch online

Alles Gute und
Liebe für Dich!

Raho J. Bornhorst

Seminare mit Brian Tracy

Termine für Vorträge und Seminare mit Brian Tracy und Raho Bornhorst in Deutschland, Österreich und der Schweiz finden sich auf: www.Bornhorst.de

Wenn du Brian´s und Raho´s Seminare besuchen möchtest, melde Dich bitte auf www.Bornhorst.de zum Newsletter an, der etwa 1x monatlich per Email versendet wird.

Beide Autoren kann man für ein Seminar oder Vorträge in einem Unternehmen oder privat buchen. Für ein persönliches Gespräch zu solchen Fragen bitte einfach eine E-Mail an info@Bornhorst.de schreiben.

Zusammenfassung und nächste Schritte

Herzlichen Glückwunsch! Du bist am Ende des Buches angekommen. Wahrscheinlich hast Du die Übungen gemacht und neue Gedanken für Deinen Neustart durchdacht. Aber das ist noch lange nicht alles! Aus meiner Erfahrung als Verleger ist mir seit 20 Jahren bewusst, dass man diese große Menge wertvoller Ideen in unserem Buch kaum alle sofort aufgreifen kann. So sagen die Fans von Brian, wie auch meine Hörer und Leser, dass man beim zweiten Durchlesen über Ideen stolpert, die „vorher angeblich nicht im Buch standen"! Denn erst beim mehrfachen Lesen entdeckt man weiterführende Hinweise.

Der Grund: Erst nachdem man innerlich erste Schritte zu einer neuen Sichtweise nachvollzogen hat, sieht man wie nach einer Wanderung auf eine Anhöhe die nächste Ebene oder den nächsten Berg – obwohl der natürlich auch schon beim ersten Anlauf vorhanden war. So viele Informationen stecken in diesem Buch! Aber erst beim zweiten und dritten Lesen erkennt unser Verstand, nachdem sich der eigene geistige Horizont erweitert hat, wie viel mehr in diesem Buch steckt.

Ich habe nun noch 3 Empfehlungen:
1. **Lies dieses Buch erneut, von Anfang an.**
2. **Erkläre deinen Freunden, was Dir klar wurde.**
3. **Nutze die Ressourcen-Liste (online).**

Solltest Du noch Fragen oder Wünsche haben, schreibe mir eine Email an bornhorst@bornhorst.de
Alles Gute und viel Erfolg!
Raho J. Bornhorst

Ressourcen-Liste

Auf der Webseite, die wir als Hilfe für dieses Buch auf Rahos Blog **www.RahoBornhorst.com** neu eingerichtet haben, stellen wir unseren Lesern eine Reihe von kostenlosen Ressourcen zur Verfügung. Die Arbeitsblätter und weiterführenden Dateien machen den Weg zum Neustart leichter.

Online gibt es diese GRATIS Extras (wird laufend erweitert):

- Videoanleitung von Raho: „Sich selbst die richtigen Fragen stellen – wie es sofort funktioniert" (Video-Download)

- eBook von Raho „Selbst und ständig zum eigenen Erfolg kommen" (eBook)

- Liste deiner Werte und Talente, zum Ausfüllen (ePaper)

- Direkter Kontakt mit Raho Bornhorst: www.Facebook.com/Raho.Coaching

- Liste mit weiterführenden Links zu Autoren und Seminaren

www.RahoBornhorst.com/Neustart-Buch

Raum für eigene Notizen: